天然素材的

时尚手编包和帽子

日本宝库社　编著
蒋幼幼　译

河南科学技术出版社
·郑州·

目录

应用变化

寒冷季节也能用的包包

重点教程

I

木柄手提包

这是一款圆形提手的宽口手提包，摩洛哥风格的扇形设计十分可爱。选择鲜艳的颜色钩织而成，打造穿搭的亮点。

设计 Naomi Kanno
线材 和麻纳卡 eco-ANDARIA
制作方法 › p.4⌀

2

康康帽

短针钩织的帽型紧实挺括，再装饰一条黑色罗纹缎带，经典的康康帽果然很受欢迎。帽身略浅，非常轻便。

设计 Mami Watanabe (short finger)
线材 和麻纳卡 eco-ANDARIA
制作方法 › p.42

3

水桶包

这是一款圆底的水桶形外出包。挂在肩上很贴合身体，形状也很百搭，使用非常方便。皮革提手更是彰显了品质。

设计 Saichika
线材 达摩手编线 SASAWASHI
制作方法 › p.44

肩带可以拆卸下来，
当作手提包使用。
编织花样的融合恰到好处。

制作并缝上束口袋，
就不必担心里面的物品被看见或者掉落了。

4

配色花样手提包

麻线包每天都可以使用，休闲随性是它的一大优点。配色编织的黑色十字图案非常雅致，看起来略显成熟。

设计　青木惠理子
线材　和麻纳卡 Comacoma
制作方法 › p.46

5

宽檐遮阳帽

边缘向内弯曲的复古风造型令人着迷。帽檐较深，可以起到很好的遮阳作用。

设计　钓谷京子（buono buono）
线材　和麻纳卡 eco-ANDARIA
制作方法 › p.48

将帽檐向上翻起，
也可以变成轻便的草帽风格。

6

船形马歇尔包

这是一款容量很大的麻线包。包身为往返钩织的交叉花样。在提手中间包上皮革，提升了作品的天然质感。

设计 钓谷京子（buono buono）
线材 国誉 麻线
制作方法 › p.50

底部用短针钩织得非常紧实，即使放入很多物品也不易变形，这一点令人惊喜。

7

束口包

这款束口包圆鼓鼓的水滴形轮廓可爱极了。水蓝色麻线给人清新凉爽的感觉。用作斜挎包也很漂亮。

设计　钓谷京子（buono buono）
线材　达摩手编线 Wool Jute
制作方法› p.52

8

蛙嘴口金小挎包

这款使用蛙嘴口金的小挎包也可以用作手拿包。凹凸有致的菱形花样是用麻线和棉线合股钩织，别有一番韵味。

设计 Mami Watanabe（short finger）
线材 和麻纳卡 Comacoma、Aprico
制作方法 › p.54

小挎包用起来感觉就像口袋一样方便。肩带的链条可以用挂扣装上或卸掉。

帽身比较深，不易滑落，
即使有风吹过也不怕。

9

宽檐帽

帽檐的平滑曲线尽显优雅。条纹针呈现出自然的纹理，是一款凸显女性气质的帽子。

设计 pear 铃木敬子
线材 和麻纳卡 eco-ANDARIA
制作方法 › p.56

10

麻线手提包

这款短针钩织的手提包通过打褶使包型显得更加饱满。虽然看上去很小巧，但是足以放下外出所需物品，非常实用。

设计 pear 铃木敬子
线材 国誉 麻线
制作方法 › p.58

II

花片手提包

这是一款富有层次感的双色手提包。花片从下往上使用不同的针号钩织，依次缩小，一边钩织一边做连接。作品完成后呈现比较平缓的梯形。

设计 Naomi Kanno
线材 和麻纳卡 Amaito Linen 30
制作方法 › p.60

B

柔美的暖色系配色也很漂亮。
侧边用白色线钩织，给人清爽
的感觉。

12

圆点手提包

单提手的包包上是一颗颗枣形针钩织的小圆点，
煞是可爱。加宽的提手给人一种踏实的感觉。
爽滑朴素的和纸线手感非常舒适。

设计 野口智子
线材 达摩手编线 SASAWASHI
制作方法 › p.62

13

褶裥手提包

这是一款大容量的手提包，加入褶裥后呈圆弧形展开的状态。提手稍微有点长，也方便挂在肩上，非常实用。购物和逛街时随身携带再合适不过了。

设计 Tomo Sugiyama
线材 达摩手编线 GIMA
制作方法 › p.64

14

蝙蝠包

轮廓精致简练的手提包适合比较正式的装束。
拉针形成的凹凸纹理令人印象深刻。

设计 Saichika
线材 和麻纳卡 eco-ANDARIA
制作方法 › p.66

A

使用亮一点颜色的线钩织，在雅致的基础上又增添了几分休闲感。较宽的侧边折进去使用也很不错。此时需要在内侧缝合折进去的侧边，固定形状。

15

圆形手提包

这款圆形手提包的包身是用长针简单地钩织并放大成圆形。深邃的颜色极具现代感。空心带子线钩织的针目形成的阴影效果也很有意思。

设计 越膳夕香
线材 达摩手编线 GIMA
制作方法 › p.68

侧边增加了口袋的设计。可以放入手机和小卡包等小物件。

16

圆形化妆包

化妆包的2片包身是按圆形手提包的要领钩织至一半后缝合。将剩下的线穿入拉链的拉头后打结，就像穗子一样。

设计 越膳夕香
线材 达摩手编线 GIMA
制作方法 › p.69

17

半月形化妆包

将圆形织片对折，在边缘缝上拉链即可。这款也是圆形手提包的变形。

设计 越膳夕香
线材 达摩手编线 GIMA
制作方法 › p.70

里面还有小口袋。
可以放入化妆品或药品等零碎小物。

18

两用手拿包

这款使用弹片口金的扁平手拿包是将长方形织片对折后制作而成的。静谧雅致的蓝色系包包与西式服装也很好搭配。

设计 越膳夕香
线材 达摩手编线 GIMA
制作方法，p.72

装上肩带就变成了一款单肩包。在链条中穿入同款编织绳，整体更加和谐统一。

19

贝雷帽和胸针

帽身上拉针钩织的线条仿佛一圈圈荡开的水波纹，是这款设计的一大亮点。使用同款不同色的线钩织的配套胸针既可以别在衣服上，也可以别在帽子上。

设计 越膳夕香
线材 和麻纳卡 Amaito Linen 30
制作方法 › p.70

2∅

带盖手拿包

这款手拿包使用3种颜色的线钩织而成。存在感十足的枣形针包身加上了大大的包盖。因为尺寸比较小巧，很方便单手拿。

设计 野口智子
制作 池上舞
线材 达摩手编线 麻线
制作方法 › p.73

织物厚实又紧致，不加内衬也没关系。

21

麻花花样手提包

用长方形的木制手柄和麻线制作出了这款自然朴实的手提包。从转角处向上延伸的粗麻花花样是用拉针的交叉针钩织而成的。

设计　Tomo Sugiyama
线材　达摩手编线 Wool Jute
制作方法› p.74

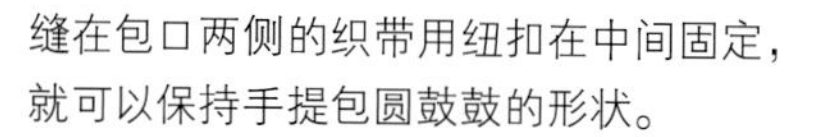

缝在包口两侧的织带用纽扣在中间固定，就可以保持手提包圆鼓鼓的形状。

22

流苏手拿包

手拿包上的斜纹配色花样和流苏十分引人注目。单色调的应用突显了时尚气息。包口用条纹针赋予了新的变化。

设计 Mami Watanabe（short finger）
线材 达摩手编线 麻线、GIMA
制作方法 › p.76

23

阿兰花样手提包

用钩针编织挑战阿兰花样。带子线有一定的韧性，令织物呈现出很强的立体感。

设计 pear 铃木敬子
线材 达摩手编线 GIMA
制作方法 › p.78

24

购物包

从藏青色到白色的渐变效果是通过调整合股线的不同组合实现的。为了更好地感受色彩的变化，特意选择了简单的设计。

设计 Mami Watanabe (short finger)
线材 和麻纳卡 eco-ANDARIA-crochet、Flax C
制作方法 › p.80

交叉提手后，也可以作单提手包使用。

25

三用条纹包

这是一款改变形状就可以拥有多种使用方法的百变包包，轻薄的外形是其最大的优点。无须加减针，钩织短针即可，所以对编织初学者来说也非常简单。

设计 钓谷京子（buono buono）
线材 和麻纳卡 eco-ANDARIA
制作方法 › p.82

拆掉肩带就变成了手拿包。将手伸入提手的开孔，就可以紧紧握住包包。

物品比较多时还可以用作托特包。用 4 种颜色的线每行换色钩织即可。

寒冷季节也能用的包包

用羊毛线和松软的花式线将作品改编成秋冬季节也能使用的包包。

26

仿皮草包盖

给水桶包（p.06）加上仿皮草线钩织的包盖，秋冬季也可以使用。用1团线刚好可以编织完成。

使用时，将提手穿入开孔，再将两端的绳子打结。

设计 Saichika
线材 达摩手编线 Fake Fur
制作方法 › p.46

27

羊毛圆点手提包

用粗一点的花式线可以将质朴的圆点手提包（p.18）钩织出松软的效果。为了避免太过可爱，选择了冷色调的配色。

设计 野口智子
线材 达摩手编线 Merino Worsted（极粗）、GEEK
制作方法 › p.62

28

阿兰花样单肩包

春夏款阿兰花样手提包（p.30）用粗呢羊毛线钩织后就变成了秋冬款。而且，加长提手改成了单肩包。

设计 pear 铃木敬子
线材 达摩手编线 Classic Tweed
制作方法 › p.78

重点教程

下面介绍的是包包的配件使用方法和让帽子更加精美的钩织技巧。
在织物中加入圆点花样的配色钩织方法也供大家参考。

● 作品中使用的辅材配件

菱形弹片口金
（JS8527-AG / 日本纽扣贸易株式会社）
打开状态下也能固定形状的菱形弹片口金。因为带有连接环，也可以加上提手或肩带。

包包专用链条
（RWS1506-AG / 日本纽扣贸易株式会社）
带有挂扣，可以直接安装在包包等物品上，有3种颜色可供选择。使用时，也可以在锁链中穿入织带或布条。

18 两用手拿包 作品 › p.24、25 制作方法 › p.72

弹片口金的安装方法

弹片口金包开口比较大，方便又实用。
只需将弹片口金穿入织物的边缘即可，比缝上拉链更加简单。

1

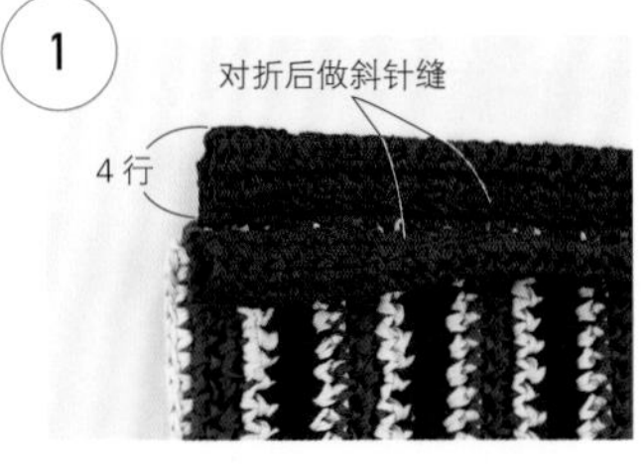

将包身反面相对对折，两侧在2层织物里一起挑针钩织短针接合。包口分别钩织8行边缘编织，再分别向内侧翻折4行后做斜针缝，制作口金通道。

2

口金通道完成后的状态。

3

在口金通道的空隙中插入直尺等工具撑大一点，以便穿入口金。

4

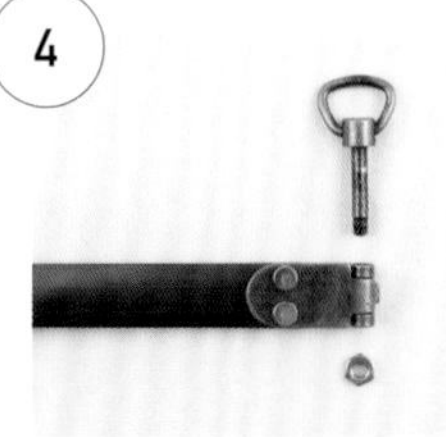

拆下弹片口金一侧的插销和螺母。

5

在弹片口金的连接部位包上纸。
※包纸的目的是避免弹片口金刮到织物。

6

将步骤5中包好纸的弹片口金依次穿入两边的口金通道。图中是分别穿入弹片口金后的状态。

7

再次将弹片口金连接在一起，插入插销固定。再用钳子等工具拧紧螺母。

8

完成。

给链条增加装饰的方法

不同材质的链条可以提升包包的时尚感。
再稍微装饰一下，使其与包包搭配起来更加自然和谐。

1

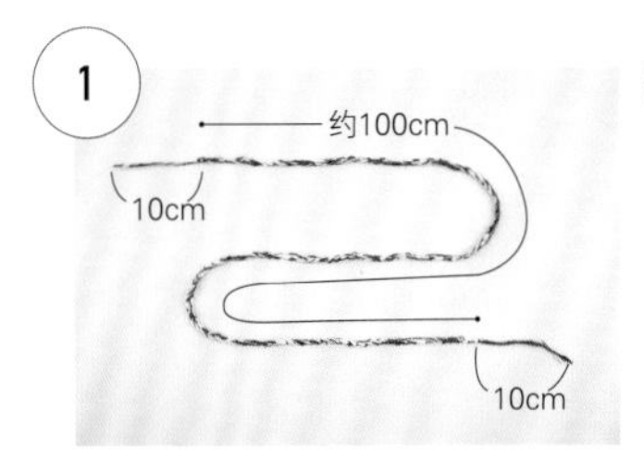

编织绳是用蓝色线和米色线各1根合股钩织锁针制作而成的，比包包专用链条的长度（90cm）稍微长一点（约100cm）。钩织起点与终点分别留出10cm左右的线头。

2

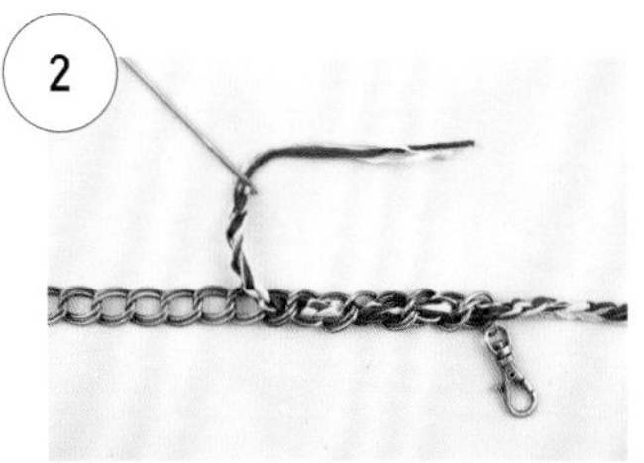

将步骤1中的线头穿入缝针，接着在包包专用链条的锁链里穿入编织绳。

3

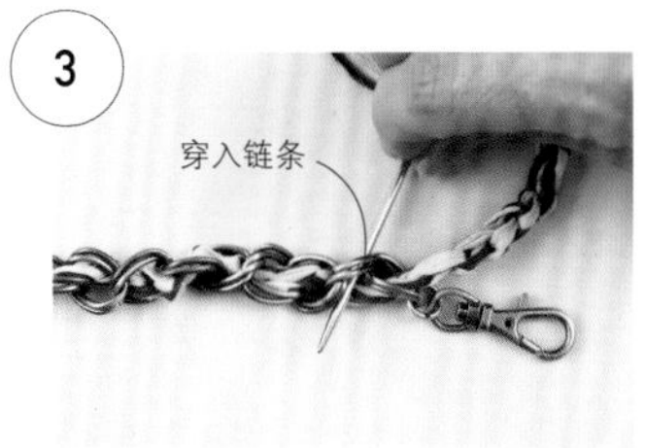

穿至包包专用链条的末端后，再将编织绳剩下的部分往回穿在链条上。

4

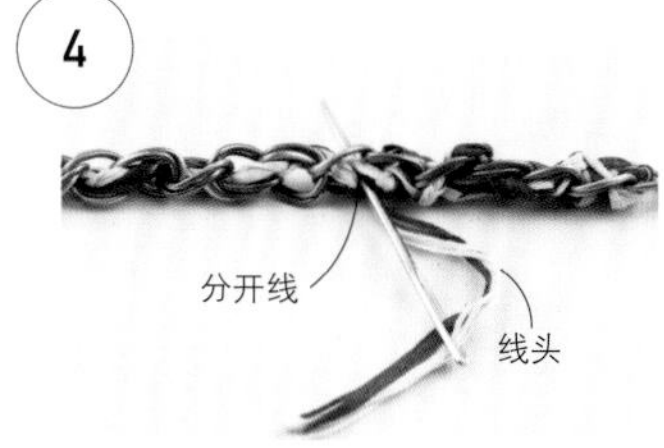

分开编织绳的锁针穿上几针后剪掉多余的线头。

● 作品中使用的辅材配件

包包用口金
（H207-001-4 / 和麻纳卡）
口金上有缝合用的小孔，可以牢固地固定织物。因为带有连接环，也可以加上提手。

8　蛙嘴口金小挎包　作品 › p.12、13　制作方法 › p.54

蛙嘴口金的安装方法

安装的要点是将包口均匀地缝在口金上。
先用行数记号扣或者同款编织线在若干处加以固定，操作起来会更加顺利。

1

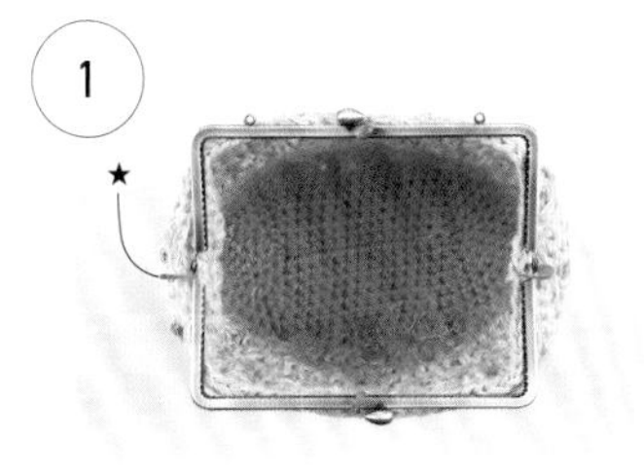

钩织包身，打开包口。按符号图（p.55）确认侧边和前后的中心针目，对齐口金用行数记号扣固定好。

2

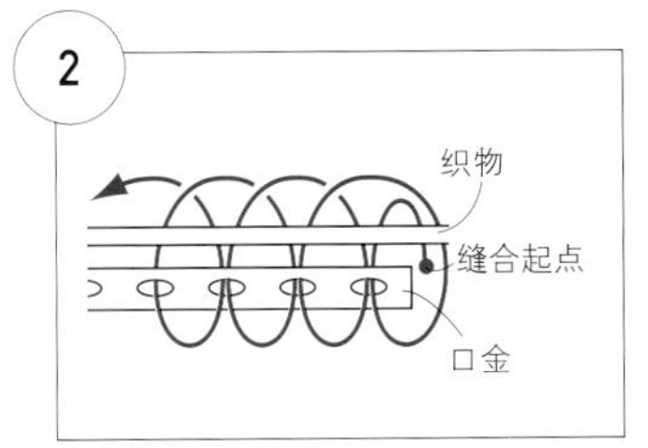

如图所示缝合织物和口金。

3

用1根原白色线缝合

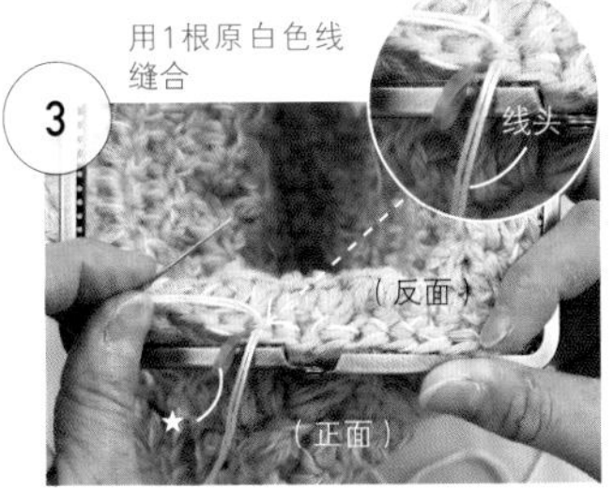

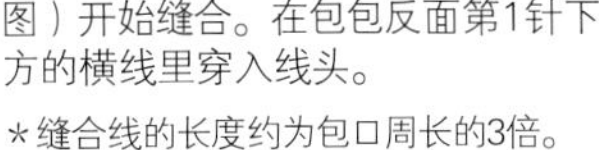

首先从右侧的★处（参照p.55符号图）开始缝合。在包包反面第1针下方的横线里穿入线头。

＊缝合线的长度约为包口周长的3倍。

4

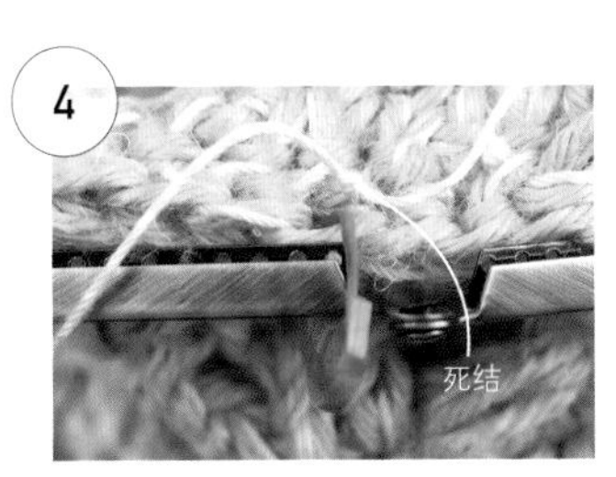

留出15cm左右的线头打上死结。

5

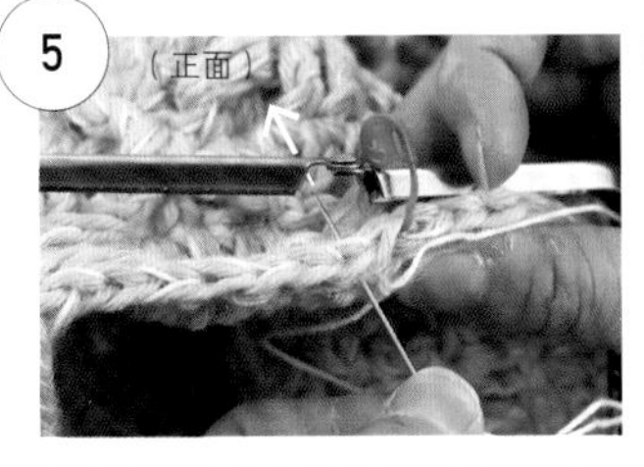

将包包的内侧朝向自己拿好，在侧边中心（放入行数记号扣的针目）的下一个针目里插入缝针。

＊放入行数记号扣的1针作为放松量无须缝合。

6

将包包与口金的外侧重叠，从正面将缝针插入口金的第1个小孔。此时，在针目头部锁针的下方插入缝针。

7

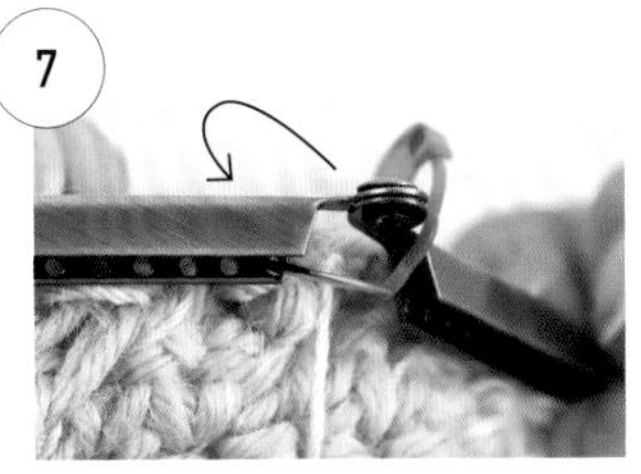

从第1个小孔中出针后的状态。

8

再次在步骤**5**的位置入针，做回针缝。

9

接着从正面将缝针插入口金的第2个小孔。

10

从第2个小孔中出针后的状态。

11

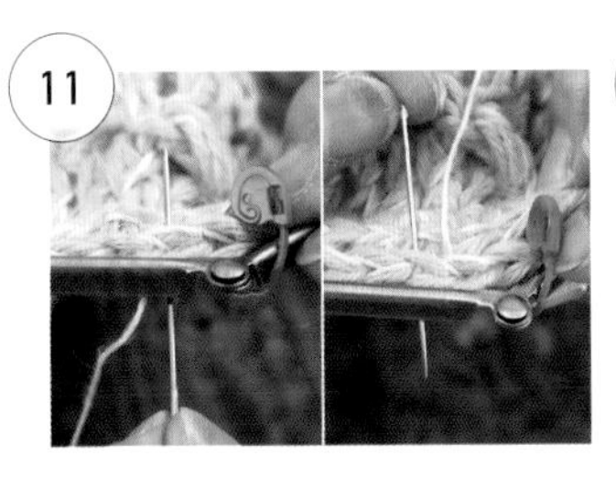

接着回到口金的第1个小孔中入针，再从第3个小孔中出针。

12

按步骤**11**的要领继续缝合口金。

＊因为口金的小孔和织物的针数不一致，需要一边缝合一边适当调整。

13

包口的一侧缝合至一半后的状态。

14

缝合至一侧包口的末端后，在口金的最后一个小孔中做回针缝。

15

贴着织物表面打一个收尾结，再将线头穿入针目，做好线头处理。

16

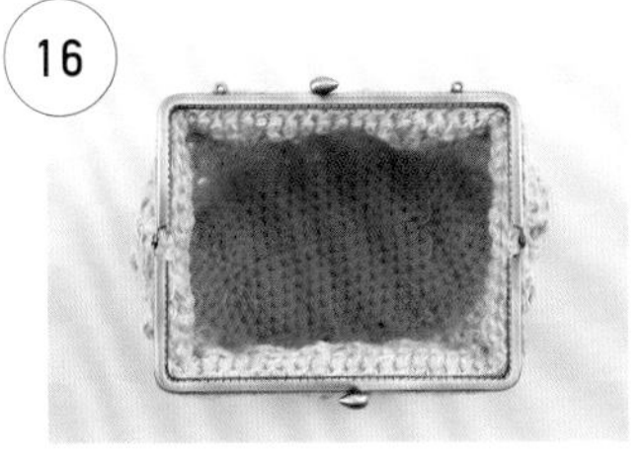

另一侧的口金也用相同方法安装。

＊此作品的制作者习惯用左手钩织。虽然针目的方向相反，但口金的安装方法是一样的。

9 宽檐帽 作品 › p.14 制作方法 › p.56

包住定型条钩织的方法

制作要点是钩织起点与终点都要固定好定型条以免滑脱。
端头的处理要用到热收缩管。

● 作品中使用的辅材配件

定型条
（H204-593 / 和麻纳卡）
用于保持形状的辅材。将定型条包在针目里钩织，可以随意弯曲或展开。常用于帽子和包包等作品的塑形。

热收缩管
（H204-605 / 和麻纳卡）
用吹风机等工具加热收缩后使用的管子。常用于定型条端头的处理和连接。

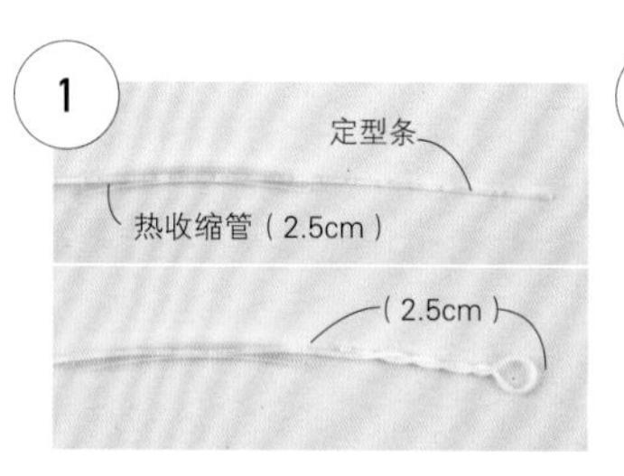

将定型条穿入热收缩管（2.5cm）中，将顶端拧成小圆环，大小以能插入钩针为宜。

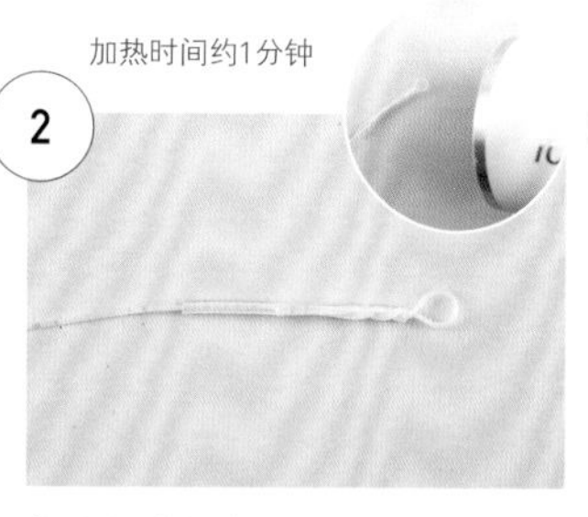

将热收缩管套在步骤1拧紧的位置，用吹风机加热，使管子收缩。

将定型条放在钩织起点的针目边上拿好。

在针目以及定型条的圆环里一起挑针，钩织第1针。接着包住定型条继续钩织。

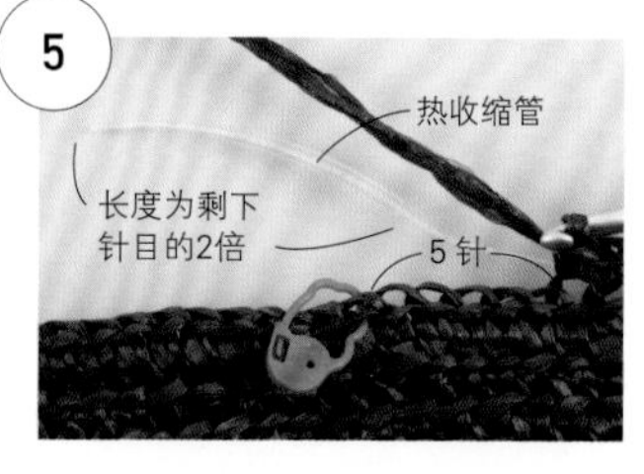

钩织至终点前几针的位置后，整理一下织物。如图所示剪断定型条，套上热收缩管。

按步骤1、2的要领在定型条上制作小圆环。

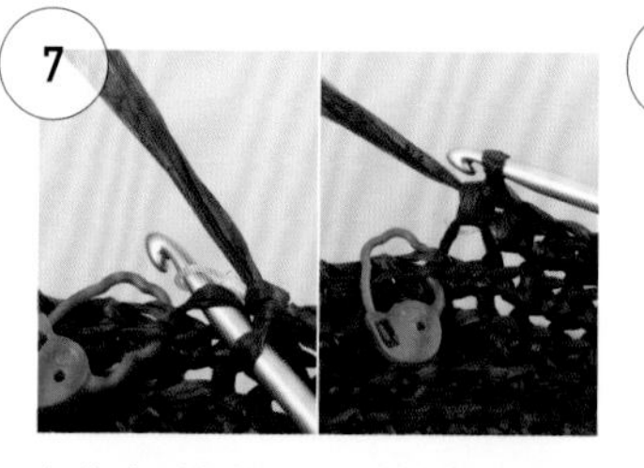

包住定型条钩织剩下的针目，最后在定型条的圆环里一起挑针钩织。

接着钩织1行引拔针，完成。

12 圆点手提包 作品 › p.18 制作方法 › p.62

圆点花样的钩织方法

颗粒饱满的圆点花样是一边在基底部分包住圆点用线钩织，一边在指定位置钩织4针中长针的枣形针。

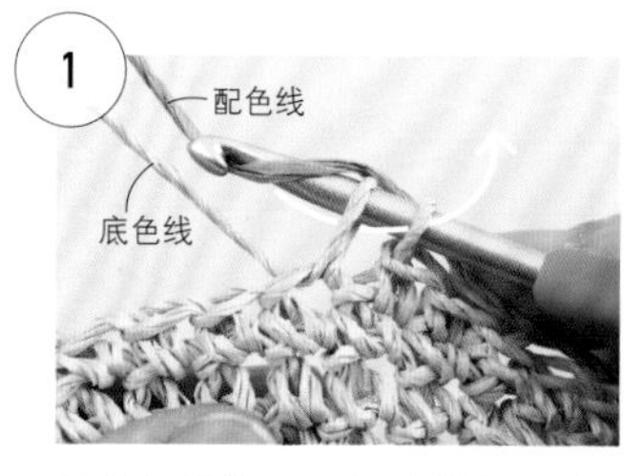

用底色线钩织至第1个花样的前一针，在短针做最后的引拔操作时换成配色线。

换成配色线后的状态。

针头挂线，在下一个针目里插入钩针，挂线后拉出（未完成的中长针）。

再重复3次步骤3。4针未完成的中长针结束后的状态。

换成底色线（米色线），针头挂线引拔。

换回底色线后的状态。由“4针中长针的枣形针”构成的1个圆点花样就完成了。

后面的短针如图所示包住配色线钩织。

用底色线钩织短针后的状态。按相同要领，在指定位置钩织圆点花样。

本书作品使用的线材

麻、棉、和纸……虽然都是天然素材，但线的形状和质感却各不相同。
根据作品的需要选择合适的线材也是一种乐趣。

● 国誉（KOKUYO）

① 麻线
100%麻线。1筒线很长，即使编织很大的包包，中间也没有接头，成品会很漂亮。推荐使用每筒约480m（约750g）的规格。另外还有160m的规格。

● 和麻纳卡（HAMANAKA）

② eco-ANDARIA
以木材为原料提取再生纤维加工而成的线。100%人造丝，每团40g（约80m），共55色。

③ eco-ANDARIA（crochet）
在eco-ANDARIA基础上适度增加了弹性和韧性的偏细款。每团30g（约125m），共9色。

④ Comacoma
捻度较松的黄麻线，色彩丰富，十分可爱。每团40g（约34m），共19色。

⑤ Amaito Linen 30
中粗平直的100%亚麻线，柔韧且富有光泽感。每团30g（约50m），共12色。

⑥ Aprico
使用顶级比马棉加工而成的线，柔顺且富有光泽。每团30g（约120m），共28色。

⑦ Flax C
与秘鲁产亚麻混纺的天然线材，适合钩针编织。每团25g（约104m），共18色。

● 达摩手编线（DARUMA）

⑧ SASAWASHI
以山白竹为原料加工而成的和纸线。自然的光泽非常吸引人。每团25g（约48m），共15色。

⑨ Wool Jute
黄麻与羊毛的混纺线。特点是用它编织的作品非常轻便。每团约100m，共4色。

⑩ GIMA
含70%棉、30%亚麻的扁平带子线。每团30g（约46m），共9色。

⑪ 麻线
从黄麻上去除机油气味加工成的天然纤维手编线。每团约100m，共18色。

⑫ Merino Worsted（极粗）
100%使用澳大利亚产的美利奴羊毛生产的标准规格的毛线。每团40g（约65m），共11色。

⑬ GEEK
芯线与外层的羊毛纤维颜色不同，是一款别具特色的粗线。每团30g（约70m），共5色。

⑭ Classic Tweed
在基础的经典色中随机加入纤维结的羊毛线，增添了色彩变化。每团40g（约55m），共9色。

⑮ Fake Fur
毛纤维很长的仿皮草线。仅毛尖的颜色有微妙的差异，呈现高级的质感，也是这款线材的魅力所在。每团15m，共5色。

*图片为实物粗细

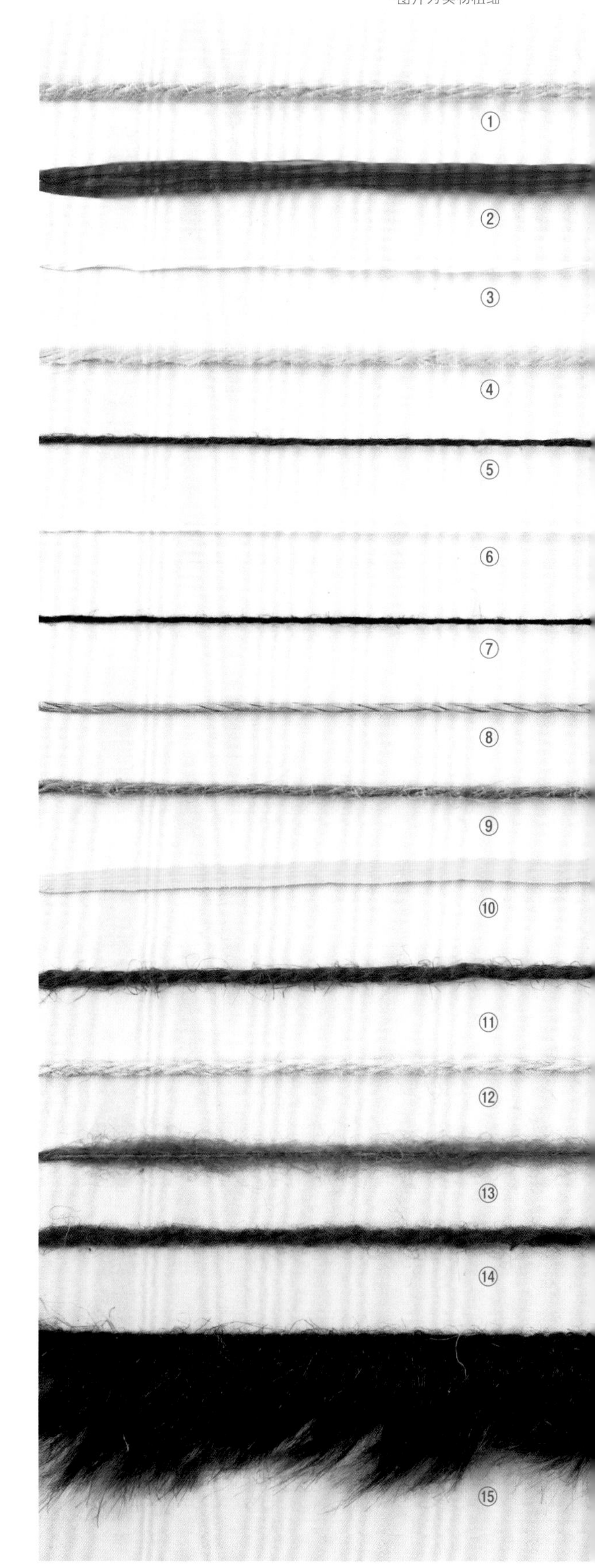

制作方法

钩织时手的松紧度因人而异。

请参考作品的尺寸和密度，结合自己钩织时的松紧度，适当调整针号和用线量。

本书图中表示长度的、未标明单位的数字均以厘米（cm）为单位。

I 木柄手提包 p.04

材料和工具

和麻纳卡 eco-ANDARIA 橘红色（164）280g，圆形木制提手（角田商店 D26 / 深褐色）1组，钩针 10mm

成品尺寸

宽 47cm，深 25cm（不含提手）

密度

10cm × 10cm 面积内：短针 8 针，8 行

钩织要点

全部用 3 根线合股钩织。

●包身的第 1 行包住提手钩织 18 针短针。接着参照图示一边加针，一边往返钩织 20 行短针（参照图中短针的挑针方法）。钩织 2 片相同的织物。

●底部环形起针，参照图示一边加针一边钩织 6 行。

●将包身的♡部分正面朝内重叠做卷针缝缝合。

●将包身的★部分与底部正面朝外重叠，在 2 层织物里一起挑针钩织 1 行短针。

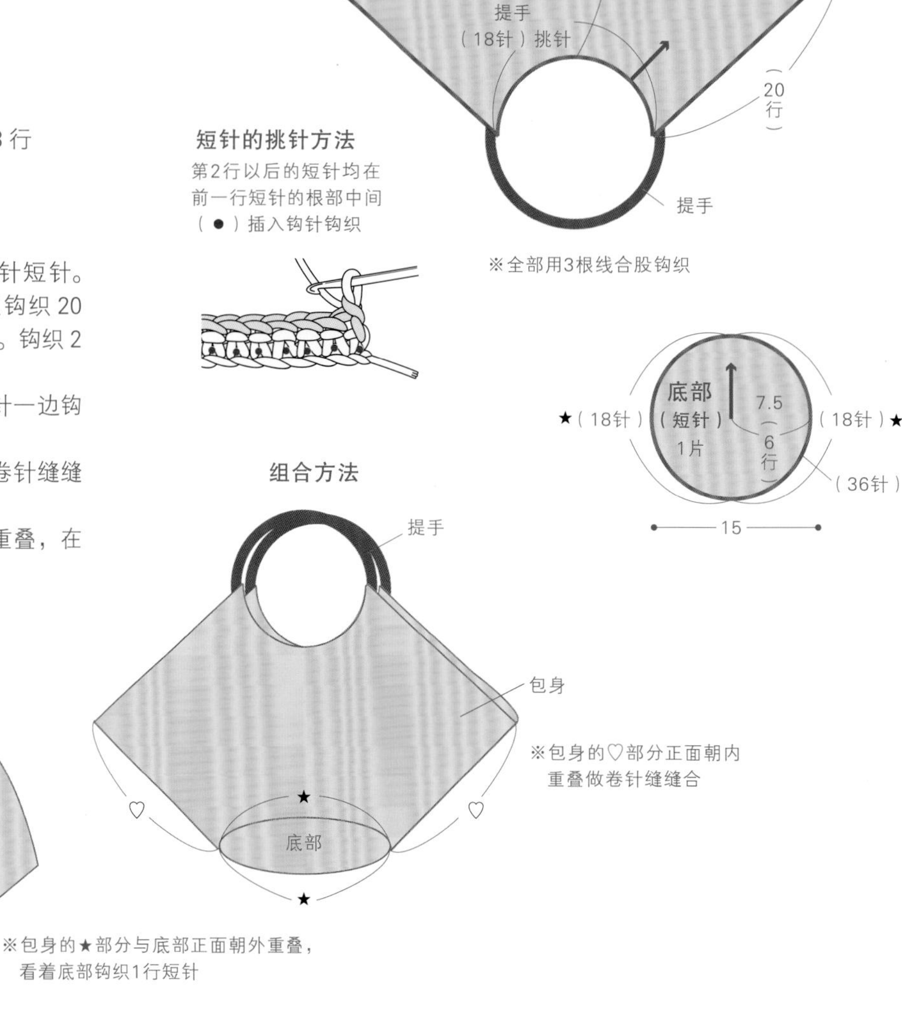

包身

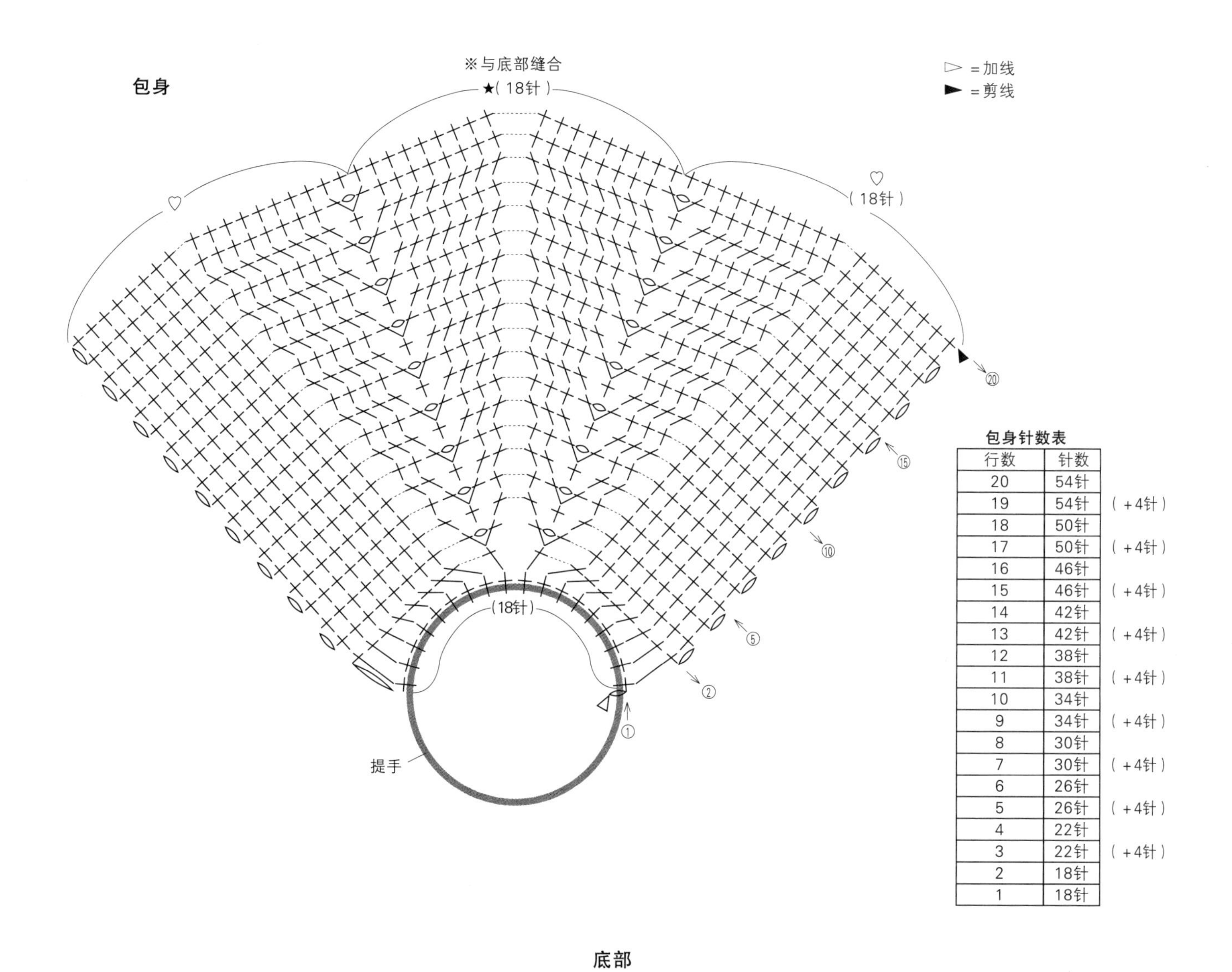

包身针数表

行数	针数	
20	54针	
19	54针	(+4针)
18	50针	
17	50针	(+4针)
16	46针	
15	46针	(+4针)
14	42针	
13	42针	(+4针)
12	38针	
11	38针	(+4针)
10	34针	
9	34针	(+4针)
8	30针	
7	30针	(+4针)
6	26针	
5	26针	(+4针)
4	22针	
3	22针	(+4针)
2	18针	
1	18针	

底部

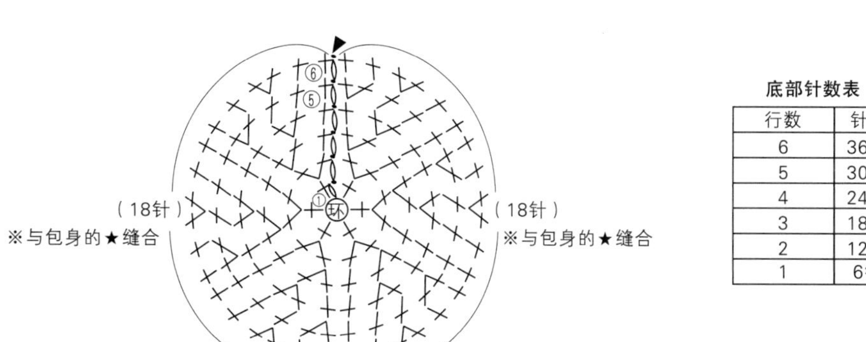

底部针数表

行数	针数	
6	36针	(+6针)
5	30针	(+6针)
4	24针	(+6针)
3	18针	(+6针)
2	12针	(+6针)
1	6针	

2 康康帽 p.05

材料和工具

和麻纳卡 eco-ANDARIA 米色（23）80g，宽 24mm 的黑色罗纹缎带 80cm，eco-ANDARIA 线专用喷雾胶水（H204-614），钩针 5/0 号、6/0 号

成品尺寸

头围 52cm，深 7cm

密度

10cm×10cm 面积内：短针 17.5 针，23 行（5/0 号针）

10cm×10cm 面积内：短针 17.5 针，18 行（6/0 号针）

钩织要点

●帽子主体环形起针，帽顶参照图示用 6/0 号针一边加针一边钩织 15 行短针。接着，帽身的第 1 行用 5/0 号针钩织短针的条纹针（在前一行针目头部的后面半针里挑针），从第 2 行开始无须加减针钩织短针至第 16 行。帽檐的第 1 行用 6/0 号针钩织短针的条纹针（在前一行针目头部的前面半针里挑针），从第 2 行开始参照图示一边加针一边钩织短针至第 10 行。最后钩织 1 行引拔针。

●用蒸汽熨斗稍微熨烫一下整理好形状，再喷上 eco-ANDARIA 线专用喷雾胶水。

●参照缎带的缝制方法制作缎带，套在帽身上，并在若干处缝合固定。

主体

（短针）

16.5

（+84针）

帽顶 6/0号针

15行

7 16行

帽身 5/0号针

52（90针）

6 10行

帽檐 6/0号针

（+60针）

85（150针）

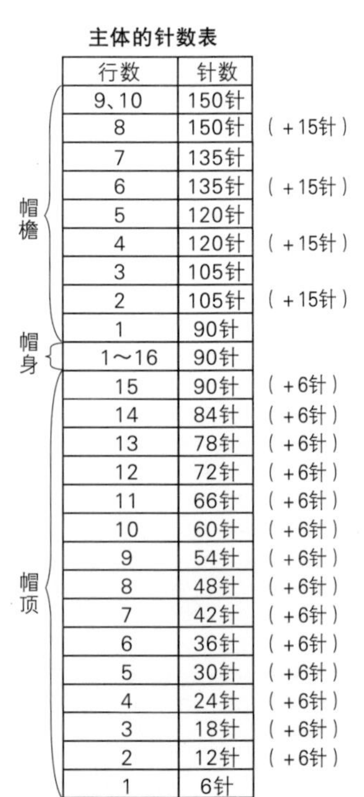

主体的针数表

	行数	针数	
帽檐	9、10	150针	
	8	150针	（+15针）
	7	135针	
	6	135针	（+15针）
	5	120针	
	4	120针	（+15针）
	3	105针	
	2	105针	（+15针）
	1	90针	
帽身	1～16	90针	
帽顶	15	90针	（+6针）
	14	84针	（+6针）
	13	78针	（+6针）
	12	72针	（+6针）
	11	66针	（+6针）
	10	60针	（+6针）
	9	54针	（+6针）
	8	48针	（+6针）
	7	42针	（+6针）
	6	36针	（+6针）
	5	30针	（+6针）
	4	24针	（+6针）
	3	18针	（+6针）
	2	12针	（+6针）
	1	6针	

整理形状，在中间塞入纸张等物，给整体喷上喷雾胶水晾干

缎带的缝制方法

① 剪好罗纹缎带

主体54cm，蝴蝶结主体15cm，蝴蝶结绑带7cm

② 将主体围成环形，重叠两端缝合

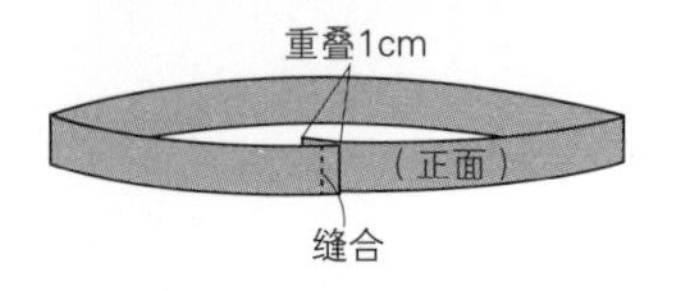

③ 将蝴蝶结主体围成环形，重叠两端缝合

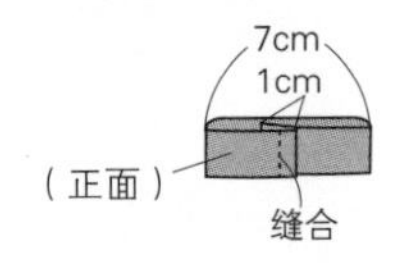

④ 将③中的接缝重叠在②的接缝上，中心缝合

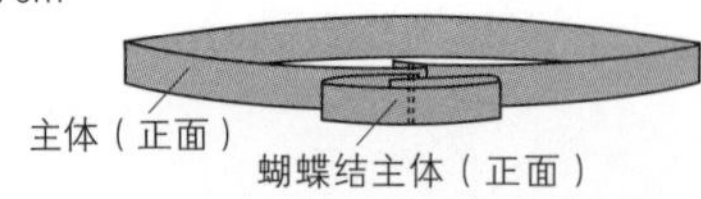

⑤ 将蝴蝶结绑带绕在④重叠的中心，在反面做斜针缝

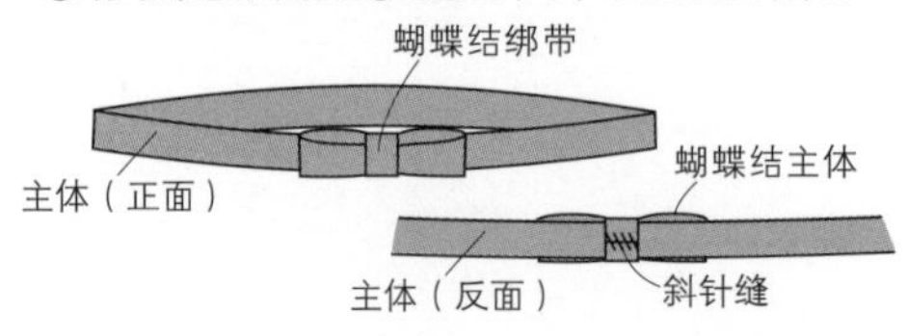

组合方法

主体

参照缎带的缝制方法制作缎带，套在帽子主体上，并在若干处缝合固定

帽子主体

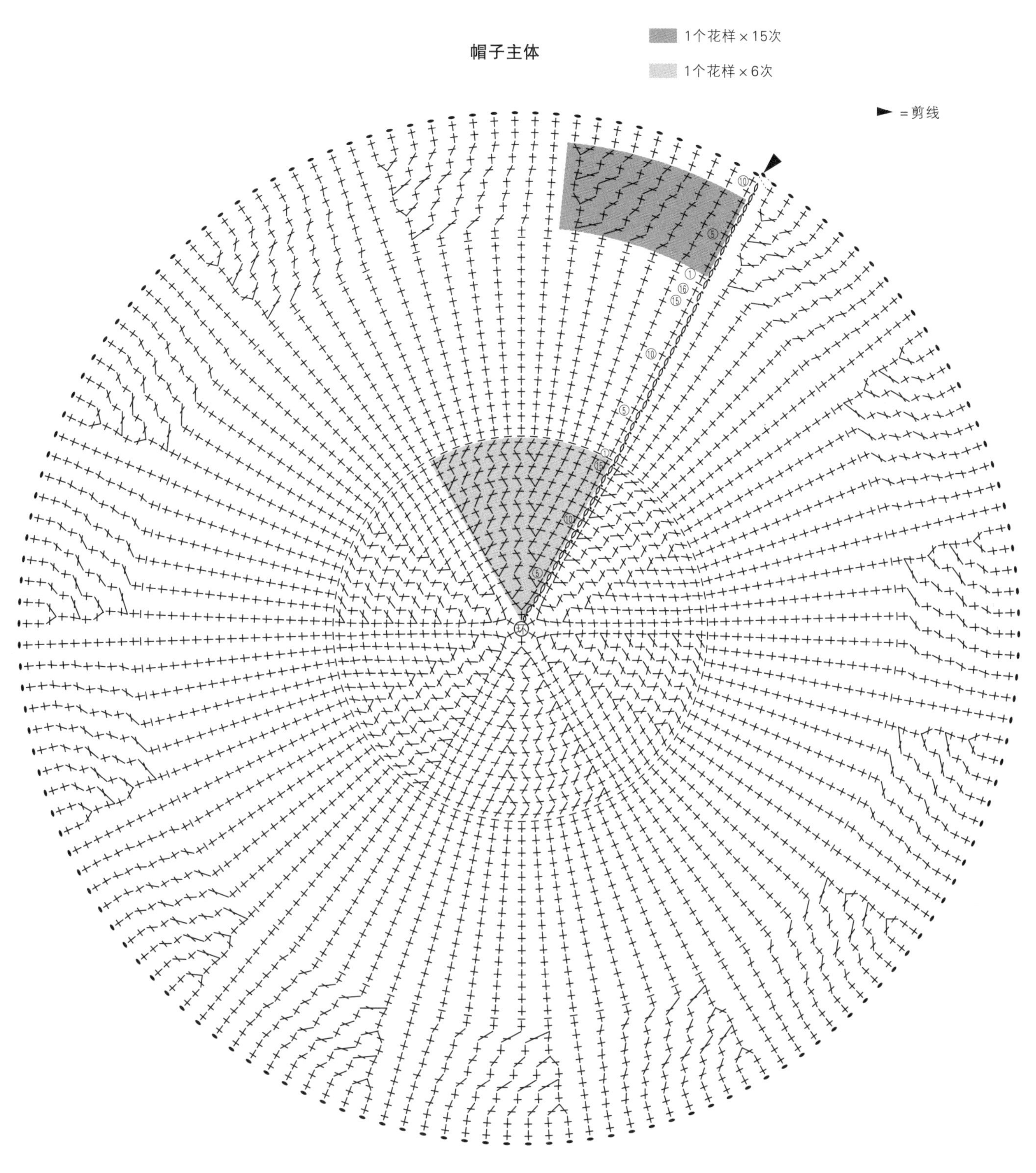

※帽身的第1行是在前一行针目头部的后面半针里挑针钩织，
帽檐的第1行是在前一行针目头部的前面半针里挑针钩织，
帽檐的最后一行钩织引拔针

3 水桶包 p.06、07

材料和工具

达摩手编线 SASAWASHI 浅棕色（2）205g，皮革提手（INAZUMA KM-9 / 黑色 #26）1组，包包肩带（INAZUMA KM-6 / 黑色 #26）1条，肩带用配件（INAZUMA BA-58-15 / 黑色 #11）1组，内袋用布 62cm×48cm，钩针 5/0 号、7/0 号

成品尺寸

宽 27cm，深 21cm

密度

10cm×10cm 面积内：短针 13 针，14 行
10cm×10cm 面积内：编织花样 13 针，16 行

钩织要点

●用 2 根线合股钩织。底部环形起针，参照图示用 7/0 号针一边加针一边钩织 12 行短针，接着无须加减针钩织 6 行短针，然后按编织花样钩织 27 行。在第 25~27 行的所有针目里挑针钩织引拔针。
●内袋的抽绳用 5/0 号针、1 根线钩织 160 针锁针，制作 2 条。
●参照内袋的缝制方法，制作内袋。
●参照组合方法，组合成水桶包。

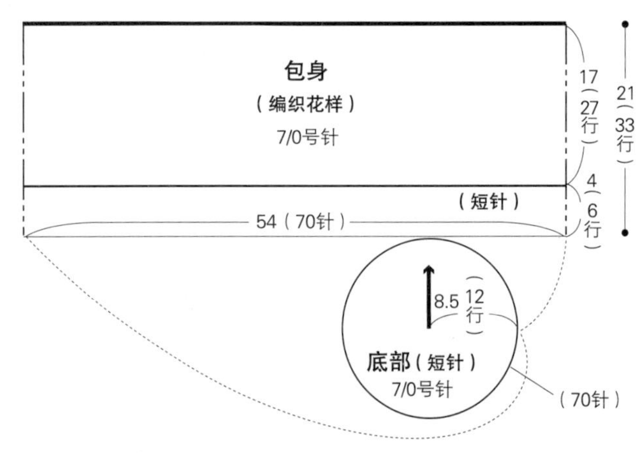

※ 除内袋抽绳以外均用 2 根线合股钩织

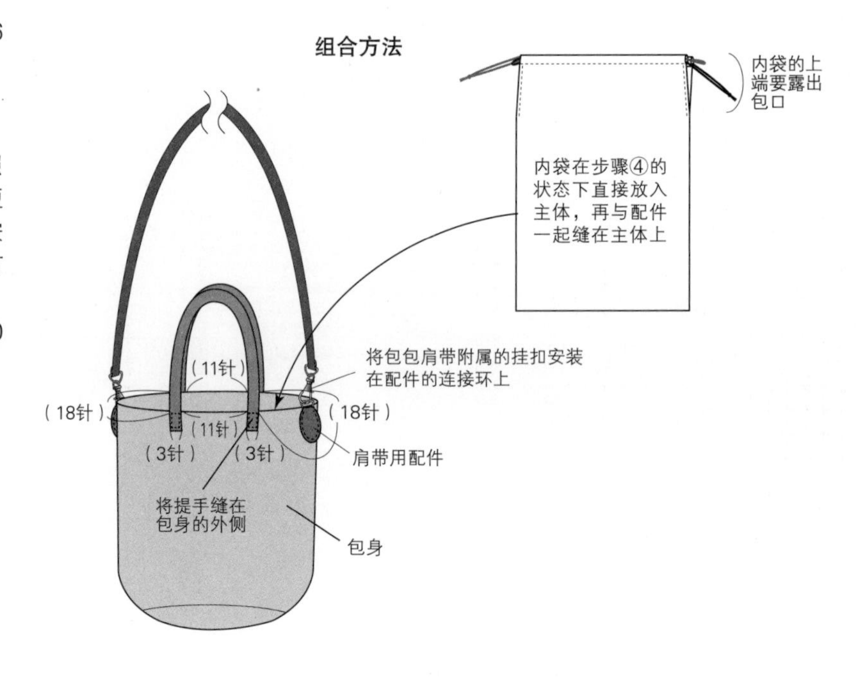

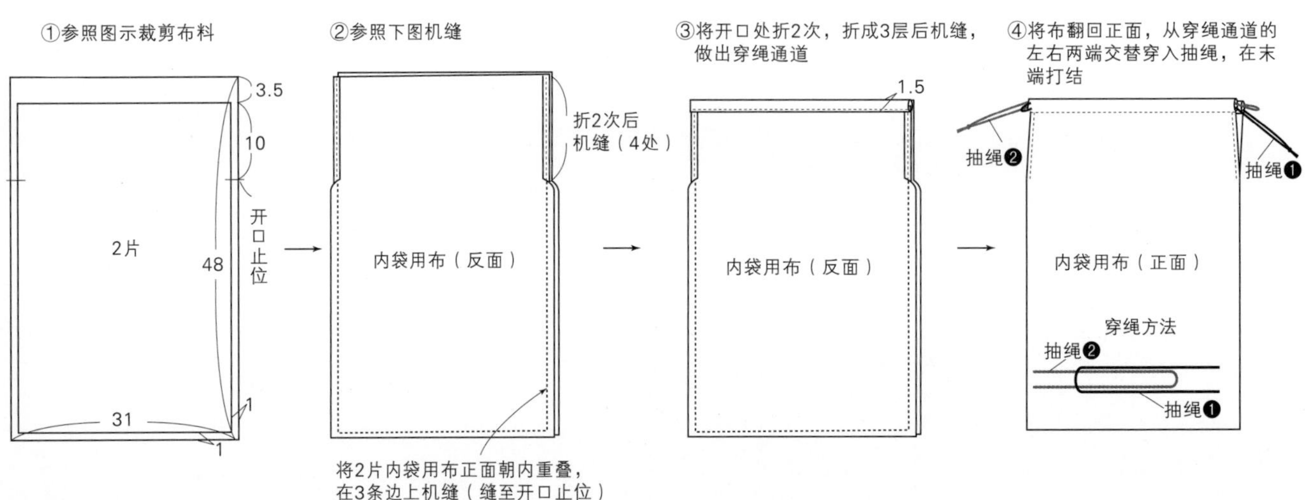

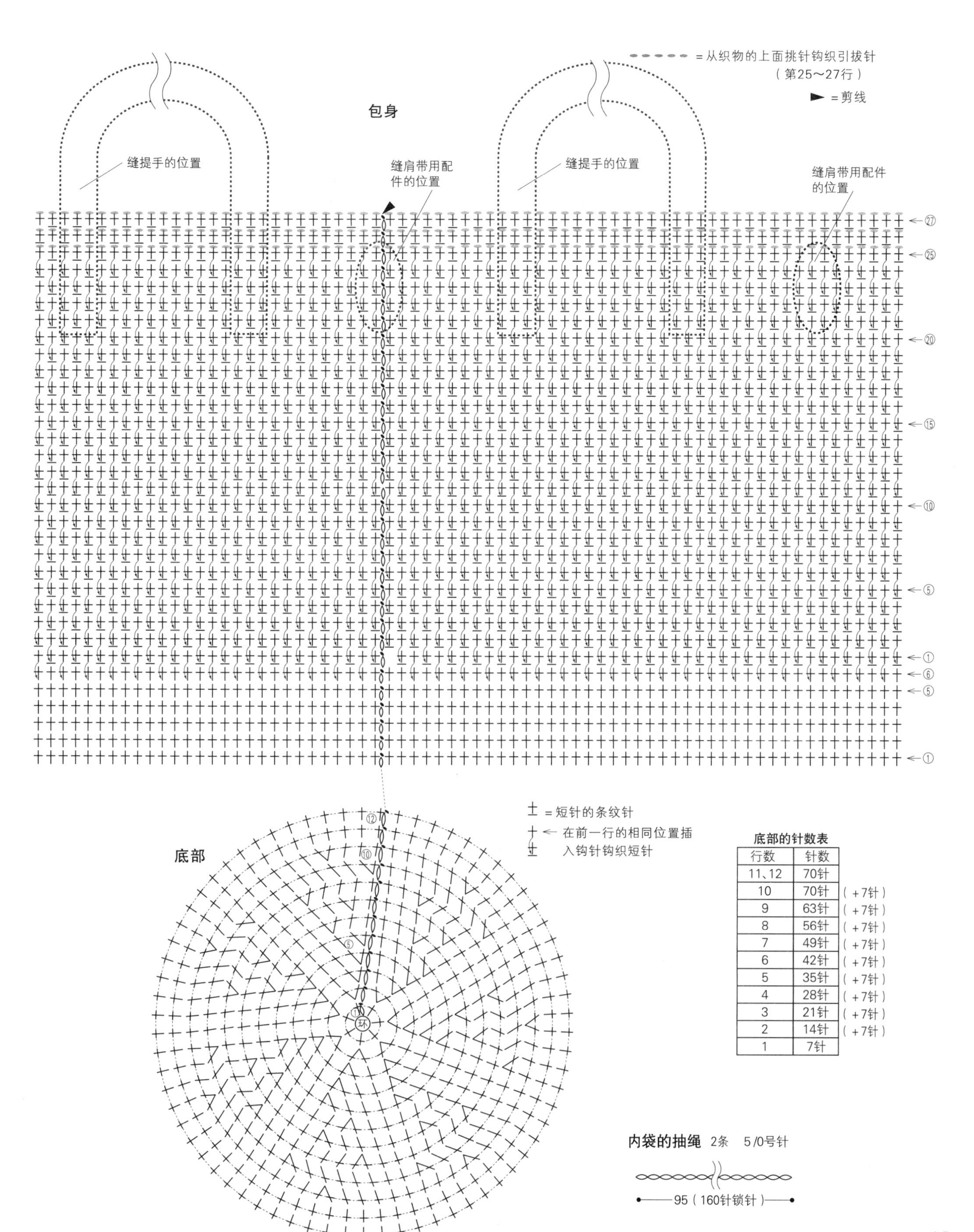

底部的针数表

行数	针数	
11、12	70针	
10	70针	（+7针）
9	63针	（+7针）
8	56针	（+7针）
7	49针	（+7针）
6	42针	（+7针）
5	35针	（+7针）
4	28针	（+7针）
3	21针	（+7针）
2	14针	（+7针）
1	7针	

26 仿皮草包盖 p.34

材料和工具
达摩手编线 Fake Fur 黑色（5）36g（约 14m），钩针 特大号 10mm

成品尺寸
宽 10cm，长 52cm（不含绳子）

密度
10cm × 10cm 面积内：编织花样 6 针，4 行

钩织要点
●主体钩织 31 针锁针起针，按编织花样钩织 4 行。中途留出提手的穿孔（2 处）。
●接着钩织 10 针锁针的绳子。参照图示，在另一侧加线也钩织绳子。

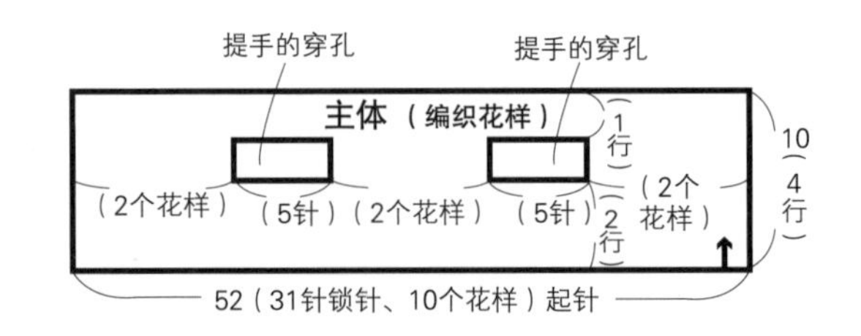

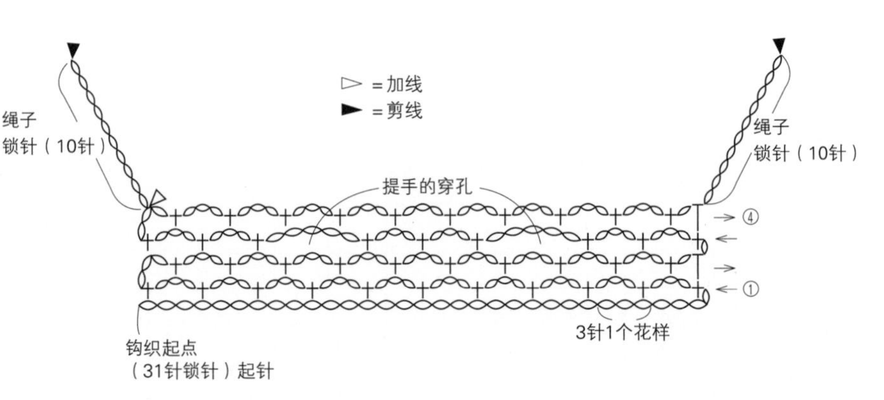

4 配色花样手提包 p.08

材料和工具
和麻纳卡 Comacoma 黑色（12）165g、米色（2）140g，钩针 8/0 号

成品尺寸
宽 34cm，深 19.5cm（不含提手）

密度
10cm × 10cm 面积内：短针的配色花样 14 针，13 行

钩织要点
●底部钩织 26 针锁针起针，参照图示一边加针一边做环形的往返钩织，钩织 8 行短针。接着包身也做环形的往返钩织，无须加减针按短针的配色花样钩织 22 行。
●在提手部分加线钩织 40 针锁针（2 处）。
●在包口和提手的外侧钩织 3 行短针。
●在提手的内侧钩织 3 行短针。

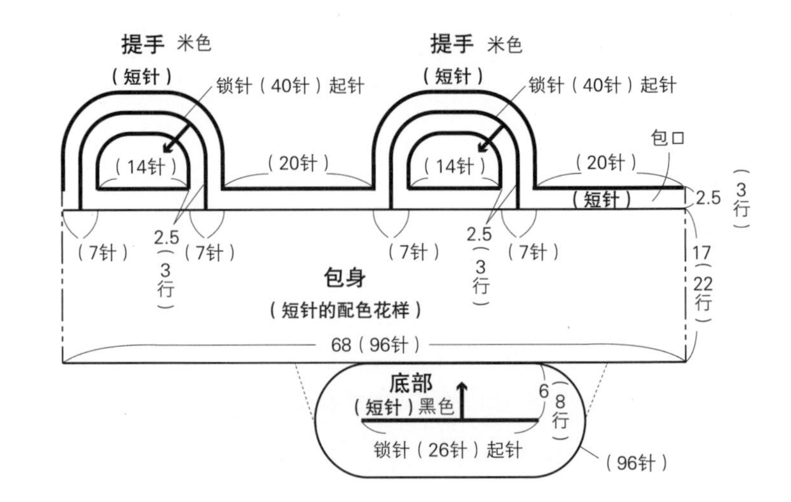

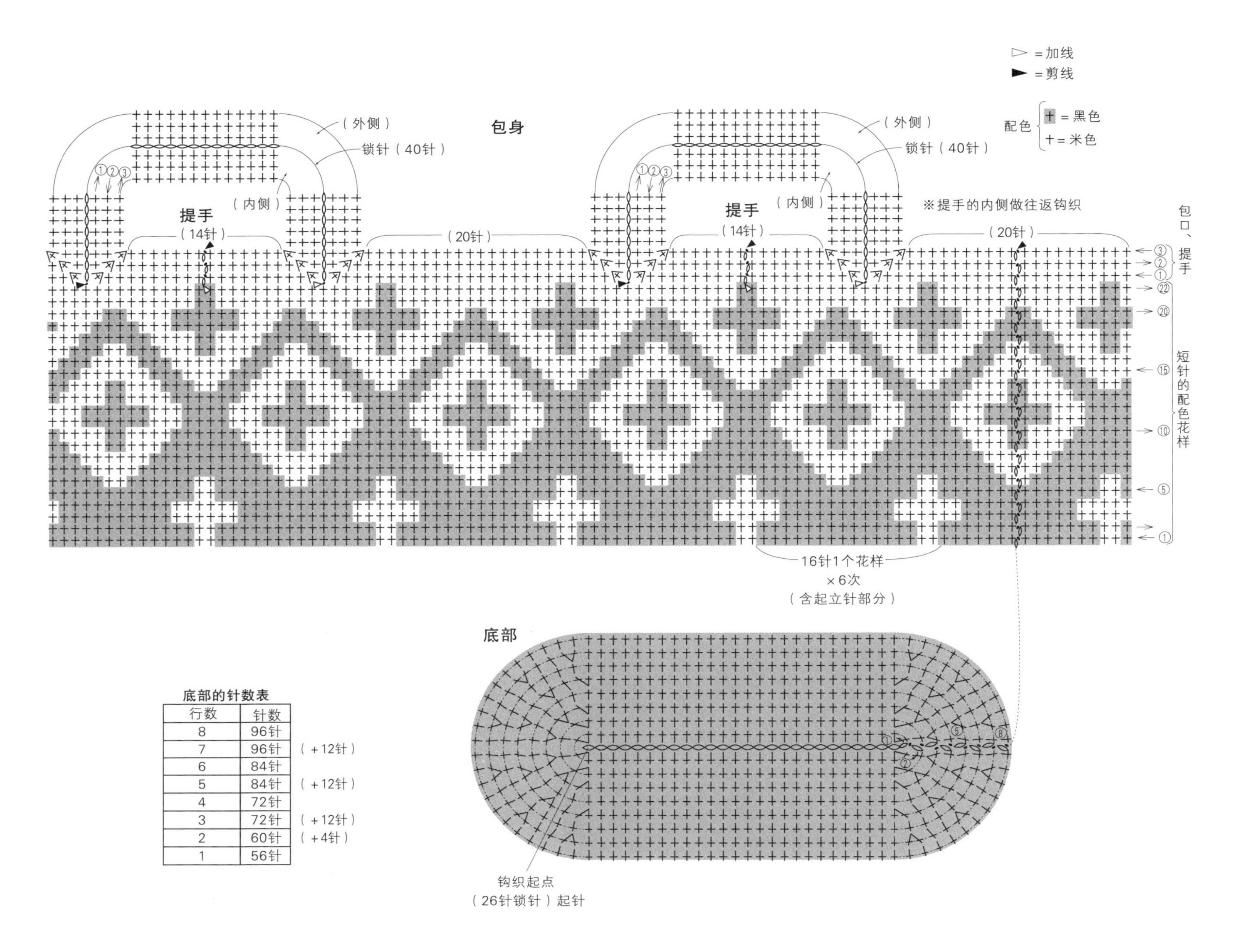

底部的针数表

行数	针数	
8	96针	
7	96针	（+12针）
6	84针	
5	84针	（+12针）
4	72针	
3	72针	（+12针）
2	60针	（+4针）
1	56针	

5 宽檐遮阳帽 p.⌀9

材料和工具
和麻纳卡 eco–ANDARIA 黑色（30）130g，钩针 6/0 号

成品尺寸
头围 56cm，深 16cm

密度
10cm × 10cm 面积内：短针 17 针，20 行
10cm × 10cm 面积内：编织花样 17 针，8.5 行

钩织要点
●帽子主体环形起针，帽顶参照图示一边加针一边钩织 18 行短针。接着帽身无须加减针按编织花样钩织 6 行。帽檐参照图示一边加减针一边钩织 20 行短针。
●钩织 200 针锁针制作 1 条细绳。
●将细绳围在帽子的主体上，打上蝴蝶结。

主体的针数表

	行数	针数/花样	
帽檐	20	156针	
	19	156针	（–12针）
	18	168针	
	17	168针	
	16	168针	（–12针）
	15	180针	
	14	180针	
	13	180针	（+12针）
	12	168针	
	11	168针	（+12针）
	10	156针	
	9	156针	（+12针）
	8	144针	
	7	144针	（+12针）
	6	132针	
	5	132针	（+12针）
	4	120针	
	3	120针	（+12针）
	2	108针	（+12针）
	1	96针	
帽身	1～6	48个花样	
帽顶	18	96针	
	17	96针	（+6针）
	16	90针	（+6针）
	15	84针	
	14	84针	（+6针）
	13	78针	（+6针）
	12	72针	
	11	72针	（+6针）
	10	66针	（+6针）
	9	60针	（+6针）
	8	54针	（+6针）
	7	48针	（+6针）
	6	42针	（+7针）
	5	35针	（+7针）
	4	28针	（+7针）
	3	21针	（+7针）
	2	14针	（+7针）
	1	7针	

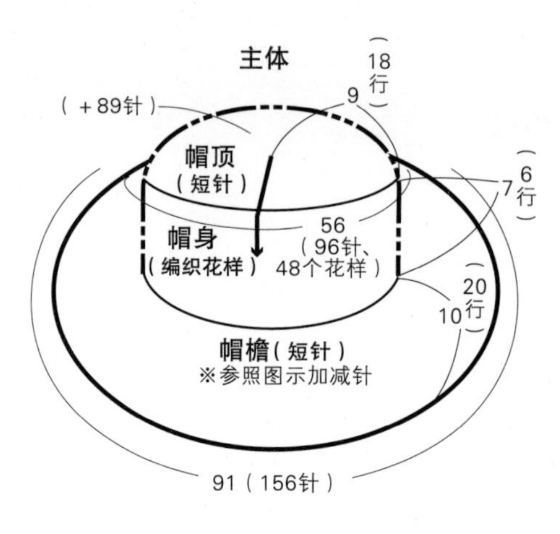

组合方法

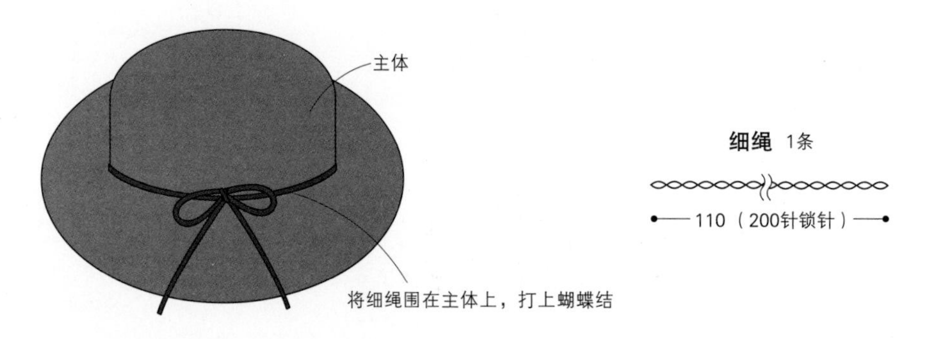

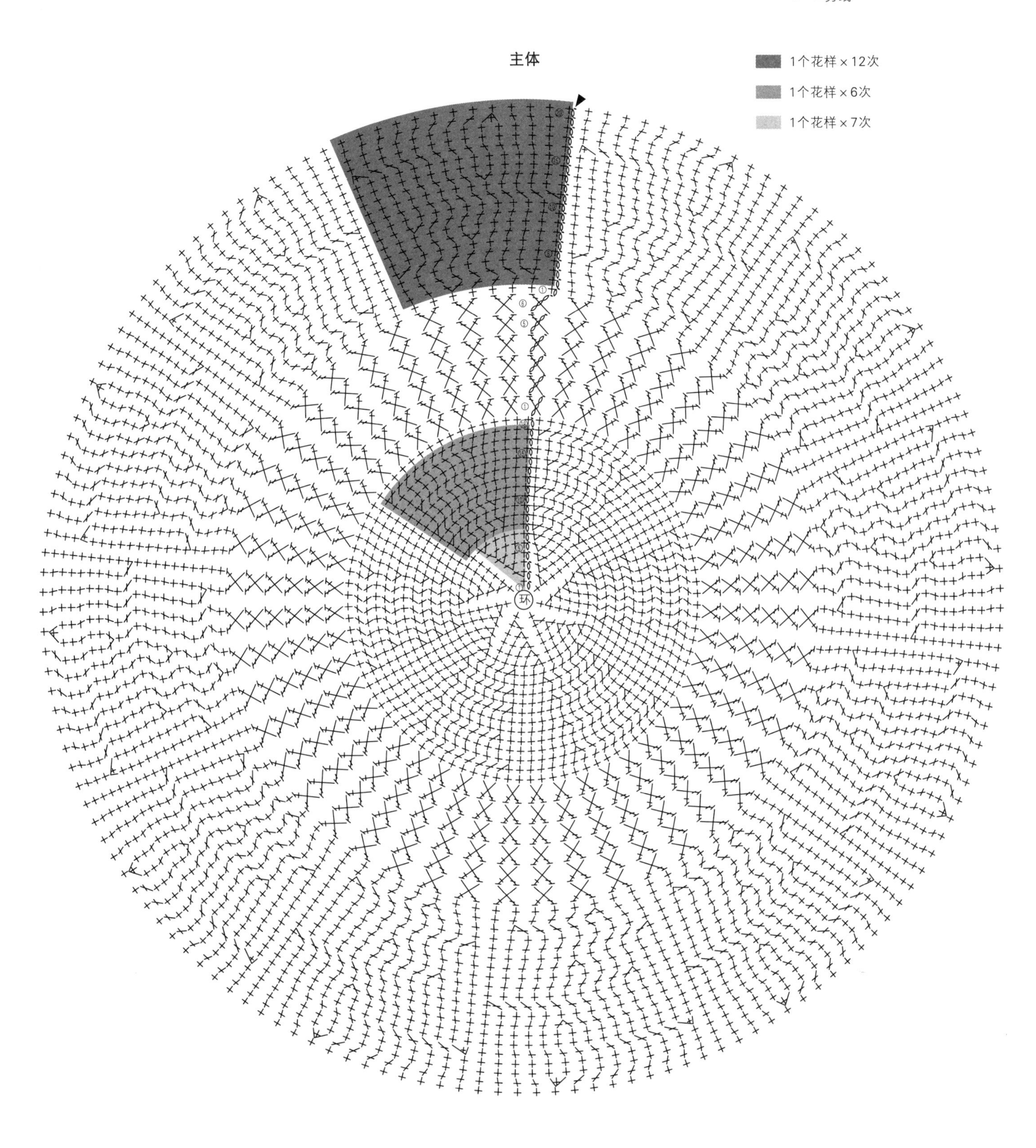

▶ =剪线
主体
1个花样×12次
1个花样×6次
1个花样×7次
环

6 船形马歇尔包 p.10

材料和工具

国誉 麻线 原白色 470g，皮革（褐色 / 5.2cm×15cm）2 片，钩针 8/0 号

成品尺寸

宽 48cm，深 29.5cm

密度

10cm×10cm 面积内：短针 12.5 针，14 行
10cm×10cm 面积内：编织花样 12.5 针，6.5 行

钩织要点

●包身钩织 18 针锁针起针，参照图示一边加针一边钩织 24 行短针。接着按编织花样钩织 5 行，再钩织 5 行短针。
●提手钩织 5 针锁针起针，接着钩织 57 行短针。除了钩织起点与终点的 4 行，将提手中间 49 行短针两侧针目对齐做卷针缝缝合。
●先用锥子在皮革上打孔，然后包住提手的中间，用粗一点的线在打好的孔中穿线做卷针缝缝合，制作出提手皮套。再将提手缝在包身的指定位置。

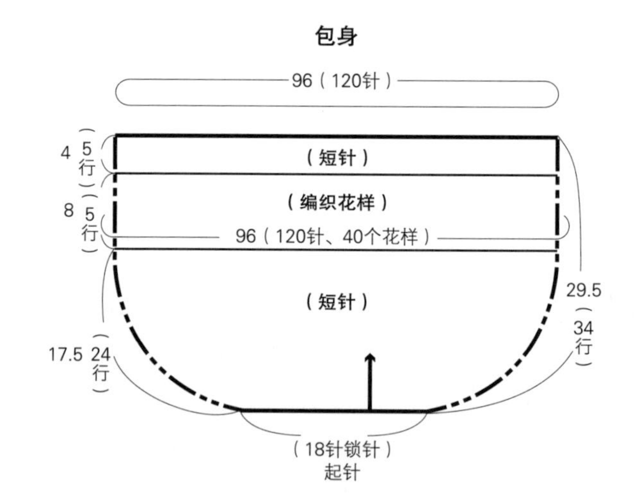

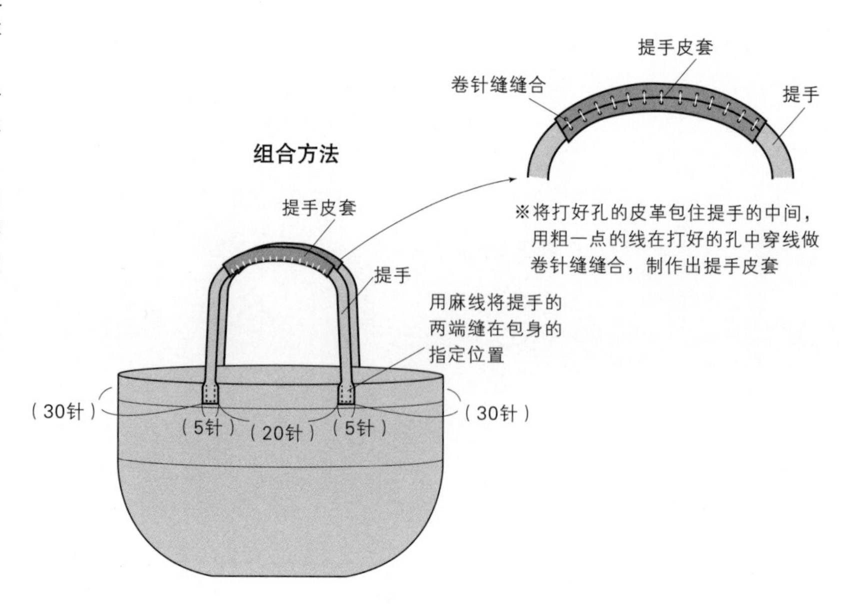

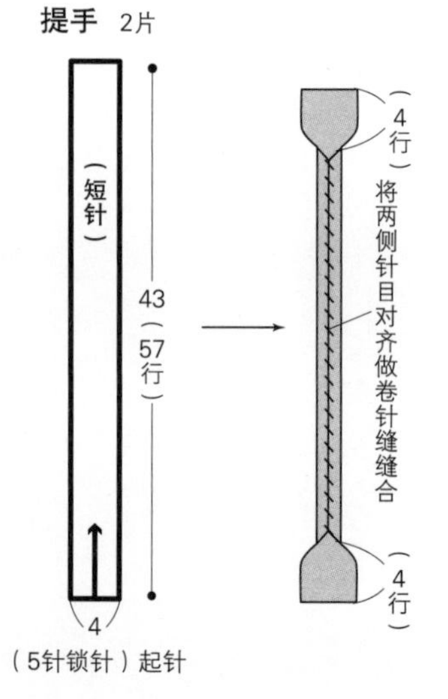

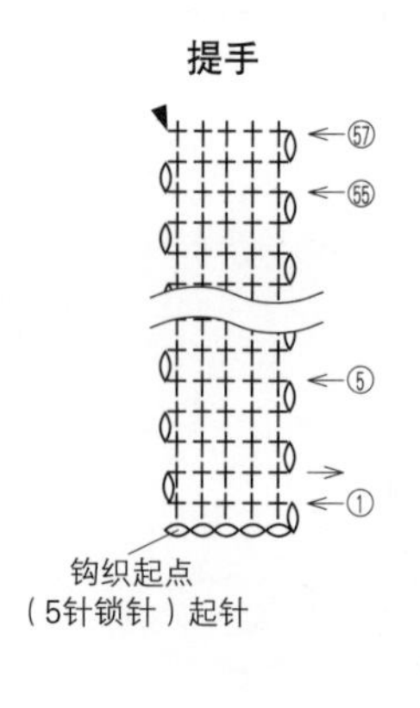

提手

钩织起点（5针锁针）起针

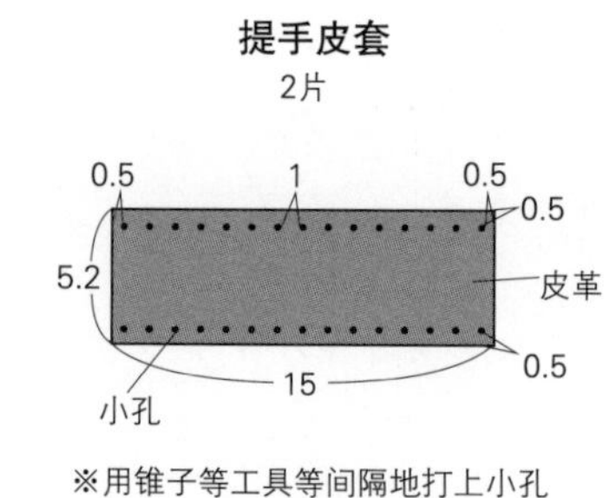

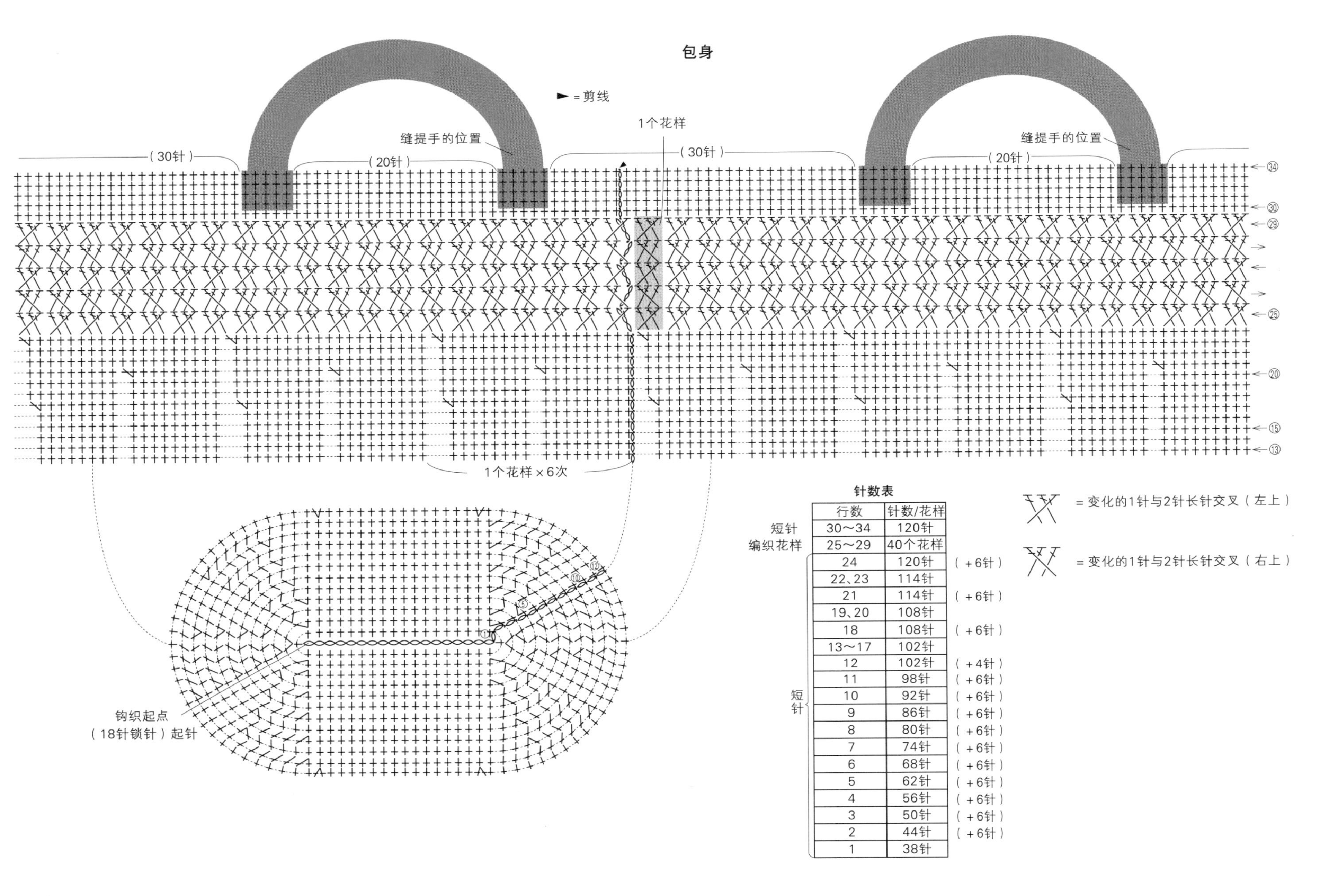

针数表

	行数	针数/花样	
短针	30~34	120针	
编织花样	25~29	40个花样	
短针	24	120针	(+6针)
	22、23	114针	
	21	114针	(+6针)
	19、20	108针	
	18	108针	(+6针)
	13~17	102针	
	12	102针	(+4针)
	11	98针	(+6针)
	10	92针	(+6针)
	9	86针	(+6针)
	8	80针	(+6针)
	7	74针	(+6针)
	6	68针	(+6针)
	5	62针	(+6针)
	4	56针	(+6针)
	3	50针	(+6针)
	2	44针	(+6针)
	1	38针	

7 束口包 p.11

材料和工具

达摩手编线 Wool Jute 水蓝色（3）260g，皮革抽绳（直径5mm）160cm，皮革 米色 3cm×6.5cm，珠链（长6cm）1条，直径10mm的圆环1个，钩针8/0号

成品尺寸

宽36cm，深23cm

密度

10cm×10cm面积内：编织花样15针，17行

钩织要点

●底部环形起针，参照图示一边加针一边钩织18行短针。包身按编织花样无须加减针钩织34行，接着钩织5行短针。在短针的第1行减针，在第3行留出穿绳孔，钩织时需要注意。
●参照图示制作穗子和绳扣。
●参照组合方法，在包身的指定位置穿入抽绳。抽绳的两端穿入绳扣后分别打1个结。将穗子挂在抽绳上。

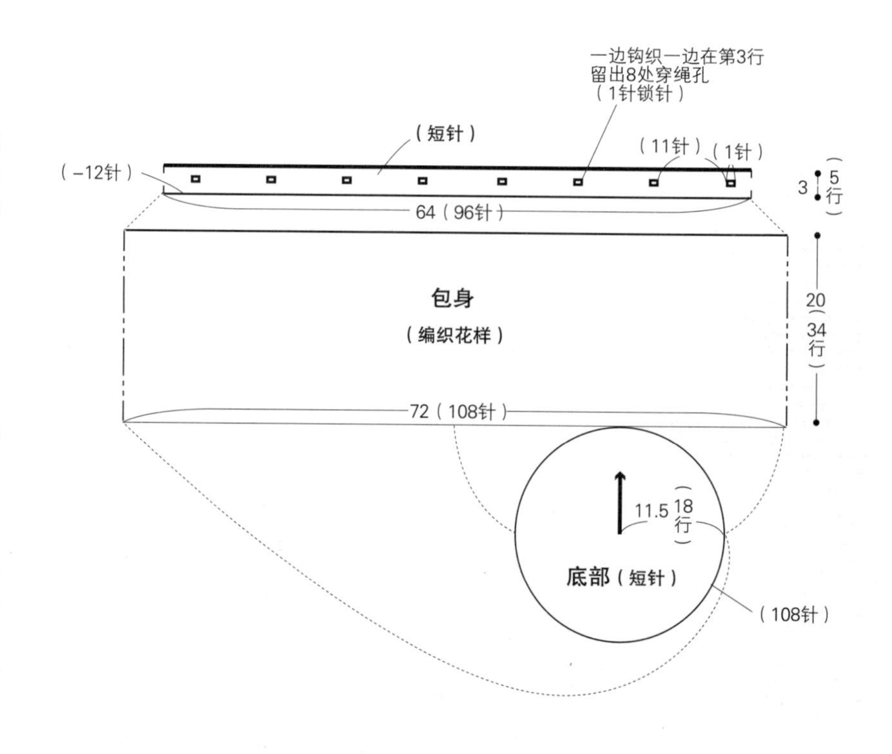

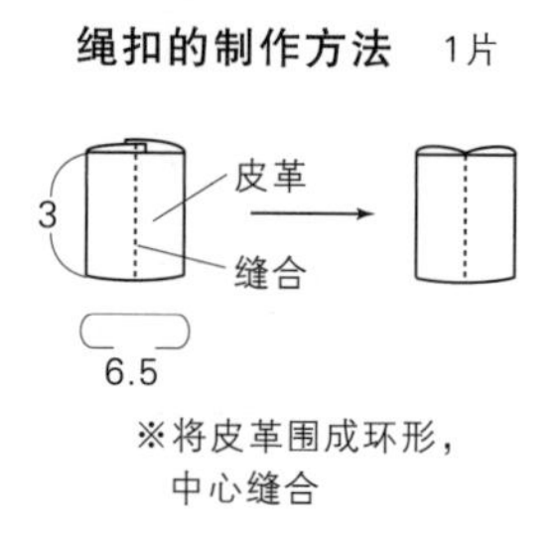

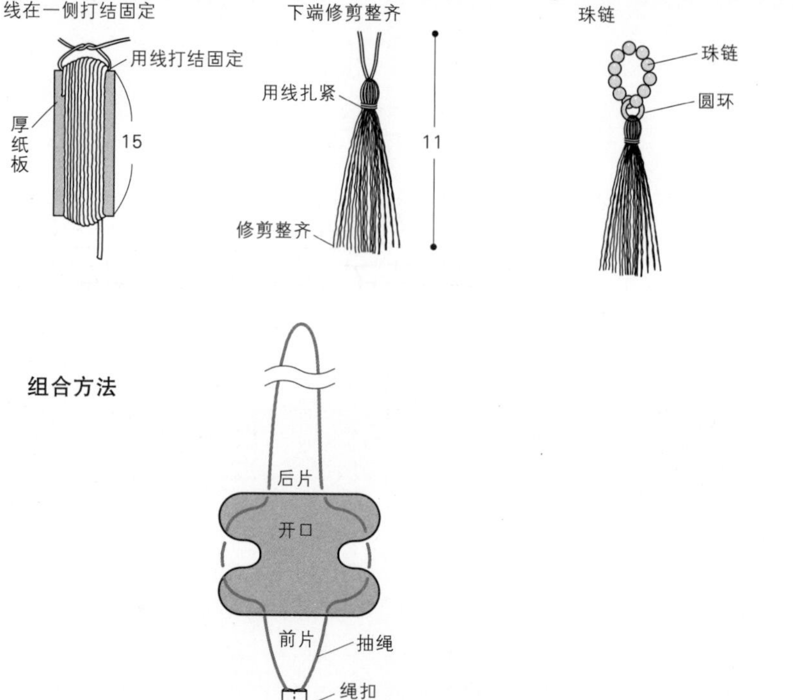

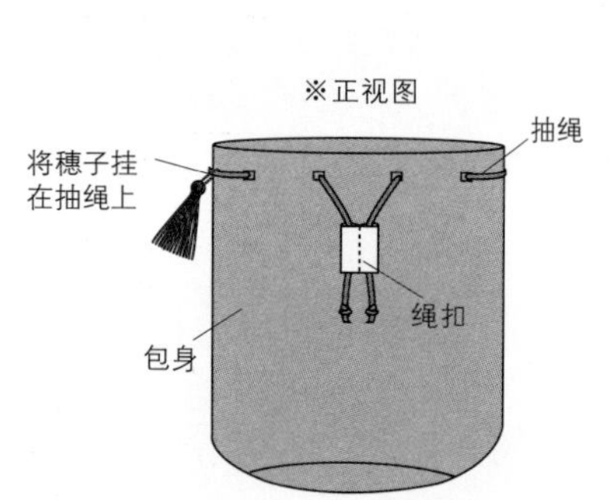

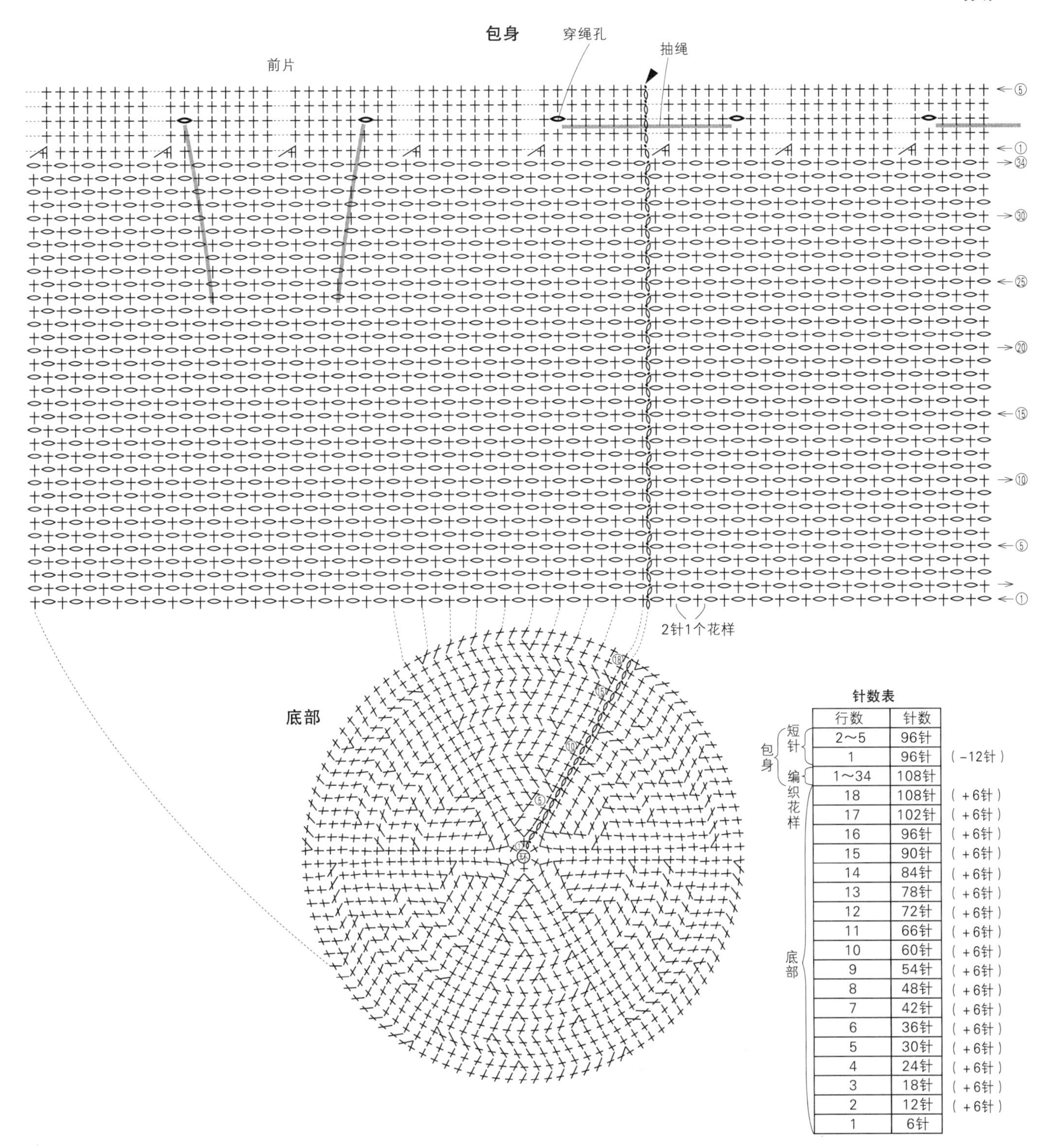

针数表

		行数	针数	
包身	短针	2～5	96针	
		1	96针	(－12针)
	编织花样	1～34	108针	
底部		18	108针	(＋6针)
		17	102针	(＋6针)
		16	96针	(＋6针)
		15	90针	(＋6针)
		14	84针	(＋6针)
		13	78针	(＋6针)
		12	72针	(＋6针)
		11	66针	(＋6针)
		10	60针	(＋6针)
		9	54针	(＋6针)
		8	48针	(＋6针)
		7	42针	(＋6针)
		6	36针	(＋6针)
		5	30针	(＋6针)
		4	24针	(＋6针)
		3	18针	(＋6针)
		2	12针	(＋6针)
		1	6针	

8 蛙嘴口金小挎包 p.12、13

材料和工具

和麻纳卡 Comacoma 黄色（3）160g，Aprico 原白色（1）45g，包包用口金（和麻纳卡 H207-001-4 ／古铜色）1 个，链条 100cm，挂扣 2 个，钩针 8/0 号

成品尺寸

宽 26.5cm，深 16cm

密度

10cm × 10cm 面积内：编织花样 13 针，7.5 行

钩织要点

用黄色线和原白色线合股钩织。

●底部钩织 14 针锁针起针，参照图示一边加针一边钩织 7 行短针。接着按编织花样钩织 12 行。

●参照图示，在包身的包口（☆、★）处缝上口金。

●制作提手时，在链条的两端装上挂扣，再将其装在口金的连接环上。

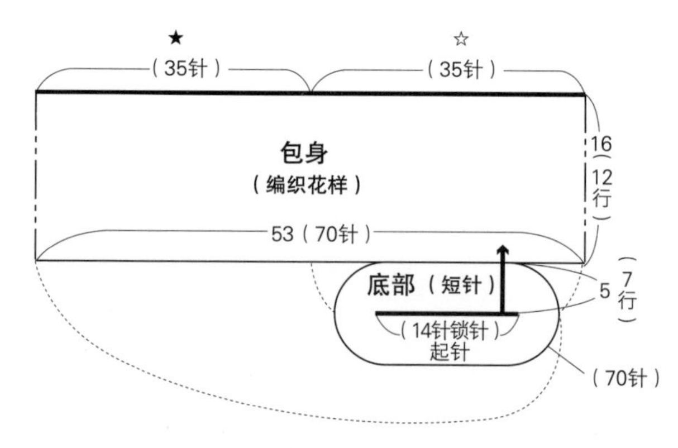

※全部用黄色线和原白色线合股钩织

组合方法

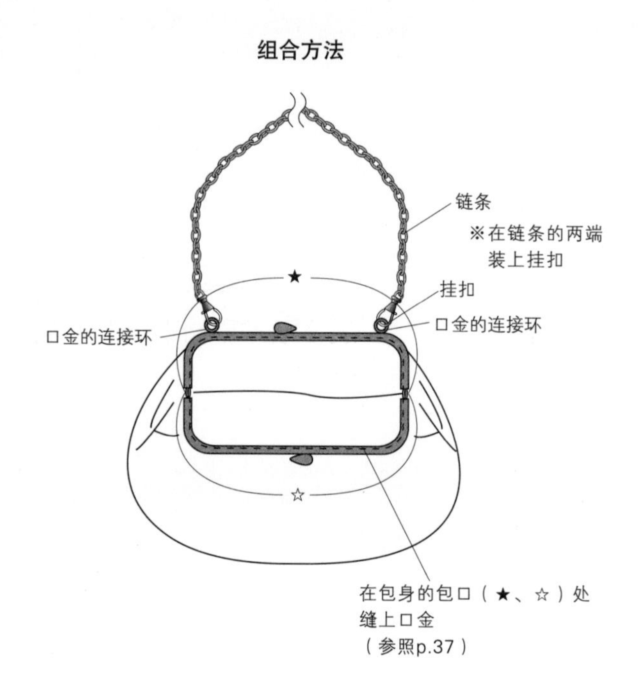

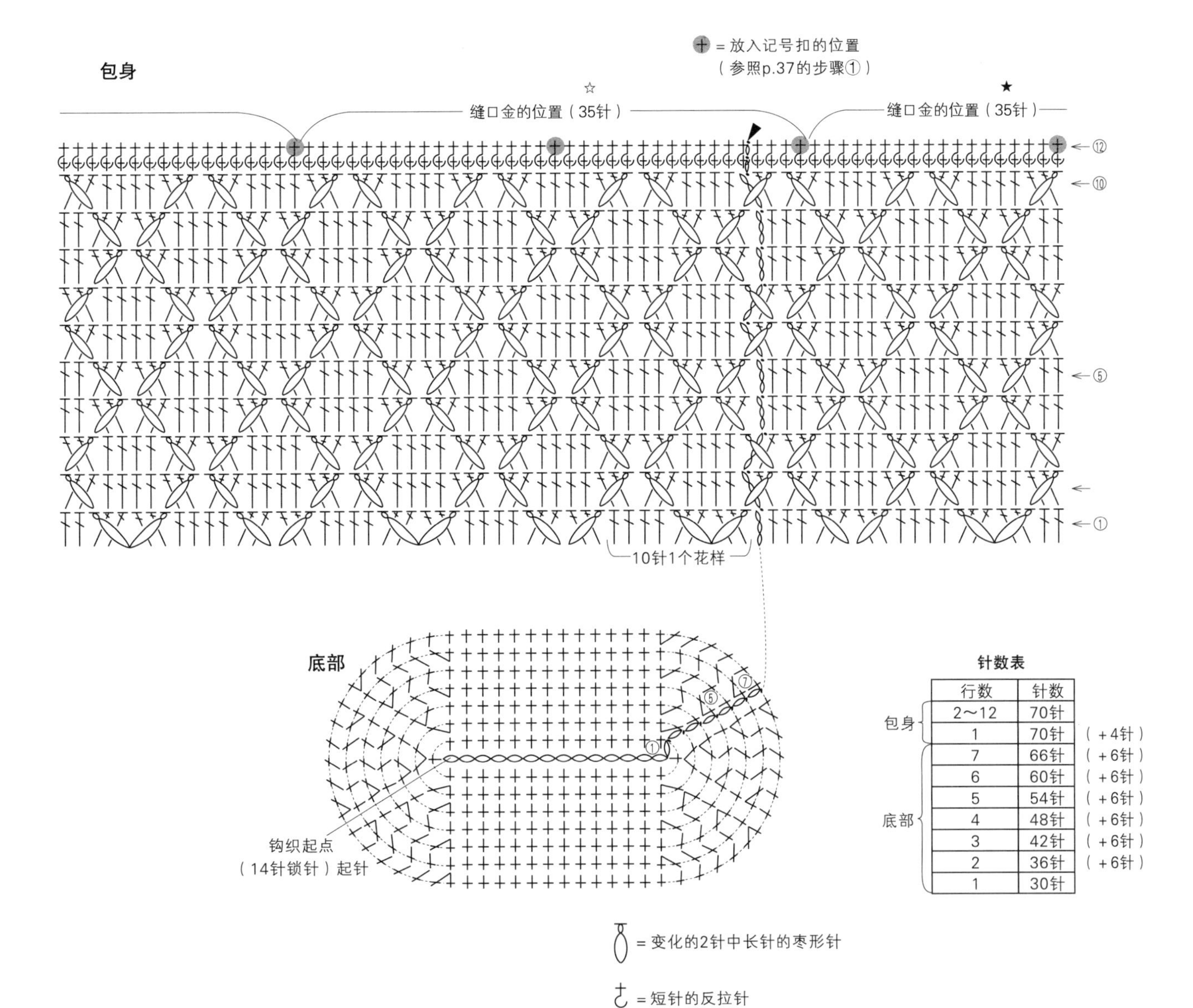

针数表

	行数	针数	
包身	2～12	70针	
	1	70针	（+4针）
底部	7	66针	（+6针）
	6	60针	（+6针）
	5	54针	（+6针）
	4	48针	（+6针）
	3	42针	（+6针）
	2	36针	（+6针）
	1	30针	

9 宽檐帽 p.14

材料和工具

和麻纳卡 eco-ANDARIA 棕色（159）115g，和麻纳卡 定型条（H204-593）约 10m，和麻纳卡 热收缩管（H204-605）5cm，钩针 6/0 号

成品尺寸

头围 56cm，深 17cm

密度

10cm×10cm 面积内：短针的条纹针 21.5 针，16.5 行

钩织要点

●主体环形起针，帽顶参照图示一边加针一边钩织 28 行短针的条纹针。接着帽檐一边加针，一边包住定型条钩织 15 行短针的条纹针，最后钩织 1 行引拔针（包住定型条钩织的方法参照 p.38）。

主体的针数表

	行数	针数	
帽檐	15	264针	
	14	264针	（+12针）
	13	252针	（+12针）
	12	240针	（+12针）
	11	228针	
	10	228针	（+12针）
	9	216针	（+12针）
	8	204针	（+12针）
	7	192针	（+12针）
	6	180针	
	5	180针	（+12针）
	4	168针	（+12针）
	3	156针	（+12针）
	2	144针	（+12针）
	1	132针	（+12针）
帽顶	25～28	120针	
	24	120针	（+8针）
	20～23	112针	
	19	112针	（+8针）
	15～18	104针	
	14	104针	（+8针）
	13	96针	
	12	96针	（+8针）
	11	88针	（+8针）
	10	80针	（+8针）
	9	72针	（+8针）
	8	64针	（+8针）
	7	56针	（+8针）
	6	48针	（+8针）
	5	40针	（+8针）
	4	32针	（+8针）
	3	24针	（+8针）
	2	16针	（+8针）
	1	8针	

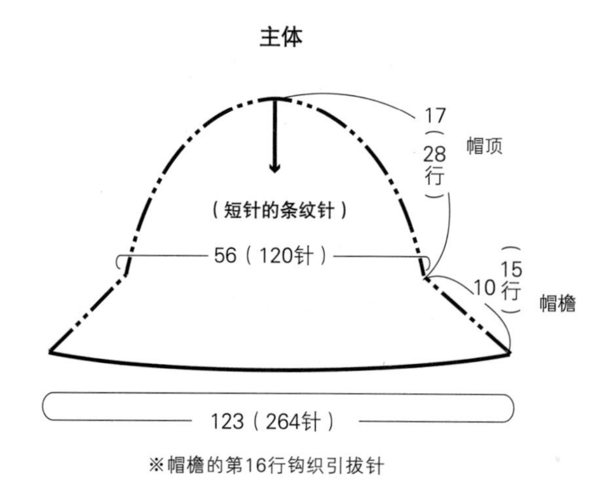

※帽檐的第16行钩织引拔针

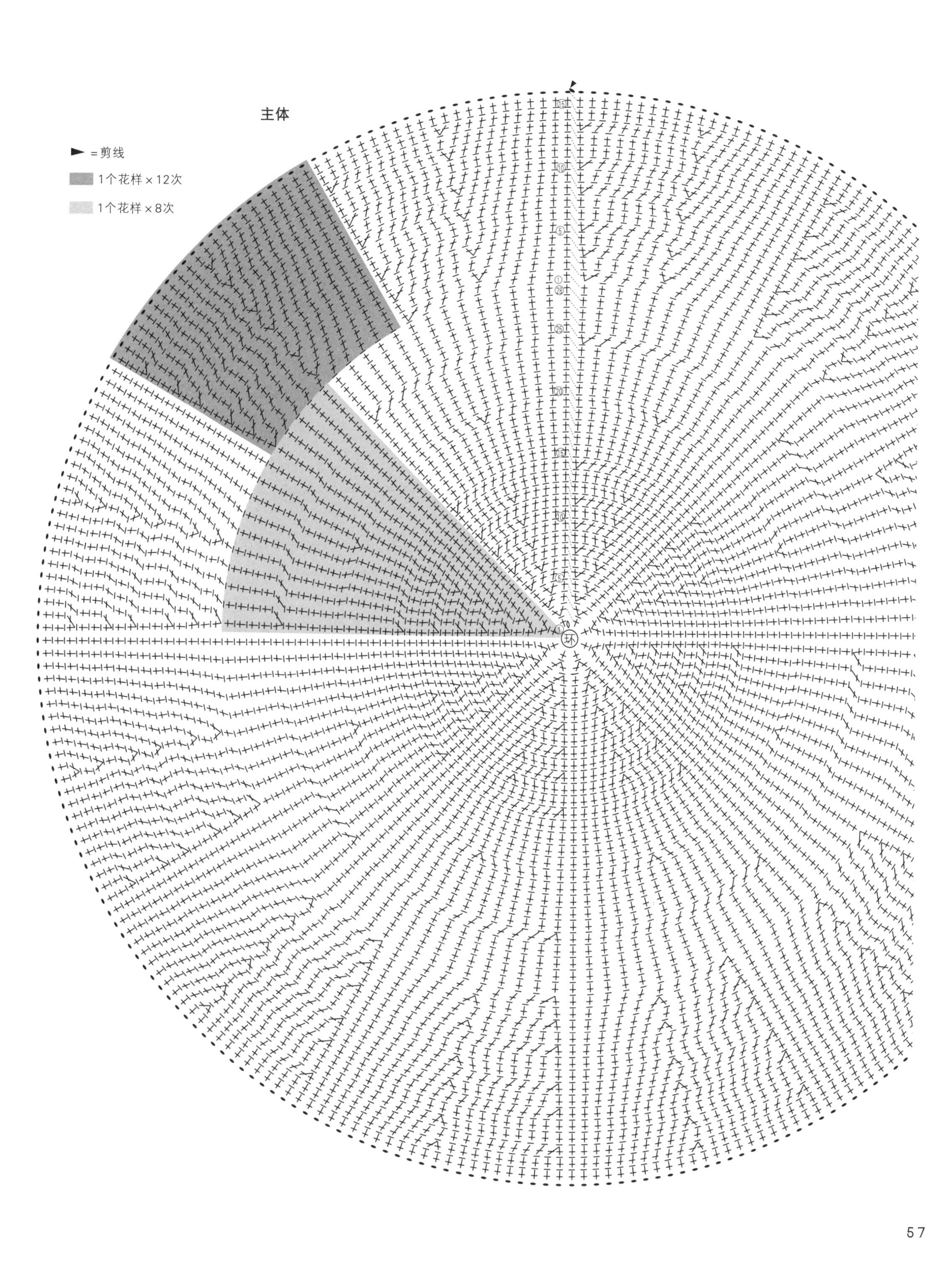
主体
=剪线
1个花样×12次
1个花样×8次
环

10 麻线手提包 p.15

材料和工具

国誉 麻线 原白色 355g，直径 12mm 的子母扣 1 组，钩针 8/0 号

成品尺寸

宽 37cm，深 18.5cm（不含提手）

密度

10cm×10cm 面积内：短针 13.5 针，14 行

钩织要点

●底部钩织 22 针锁针起针，参照图示一边加针一边钩织 10 行短针。接着包身无须加减针钩织 23 行短针。
●钩织包口的第 1 行时，参照图示将褶裥部分的 24 针折叠成 8 针，钩织 1 行短针。
●在提手部分加线钩织 55 针锁针。
●在包口和提手的内侧钩织短针和短针的条纹针。
●在包口和提手的外侧钩织短针和短针的条纹针。
●包盖钩织 10 针锁针起针，参照图示一边加针一边钩织 5 行短针和短针的条纹针。
●参照组合方法，将包盖缝在包身上。最后在指定位置缝上子母扣。

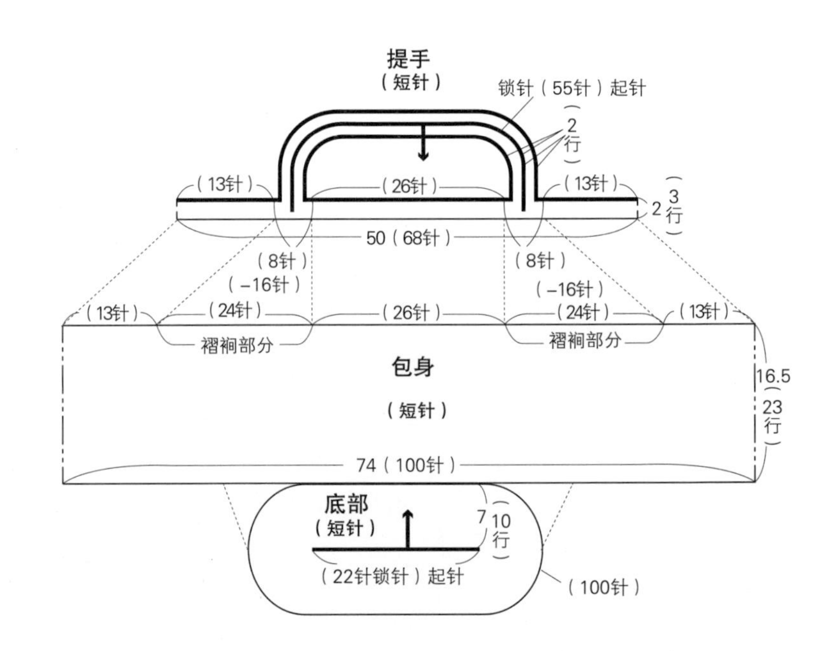

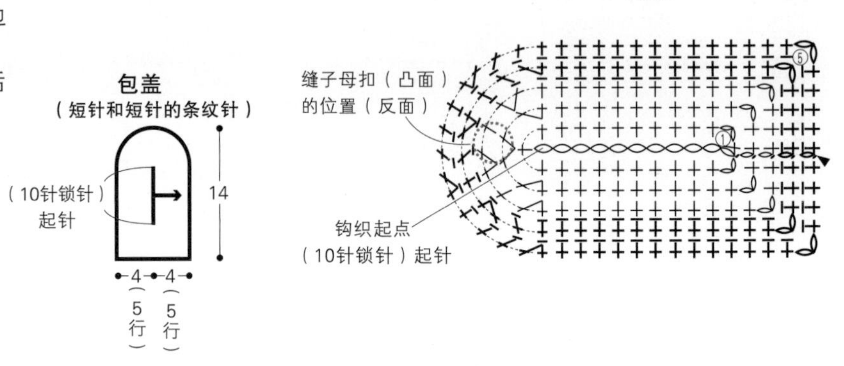

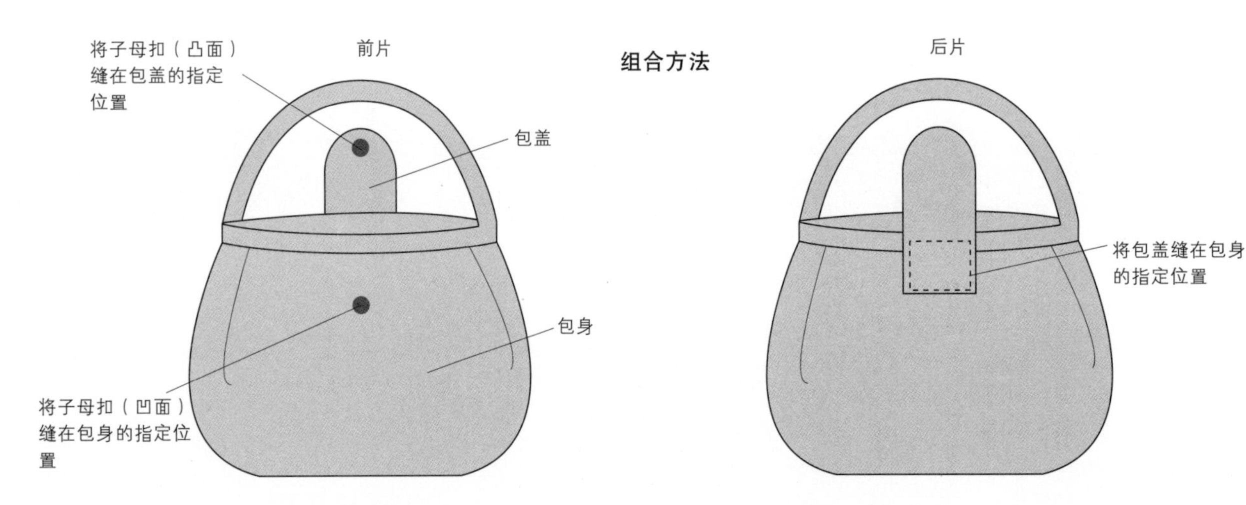

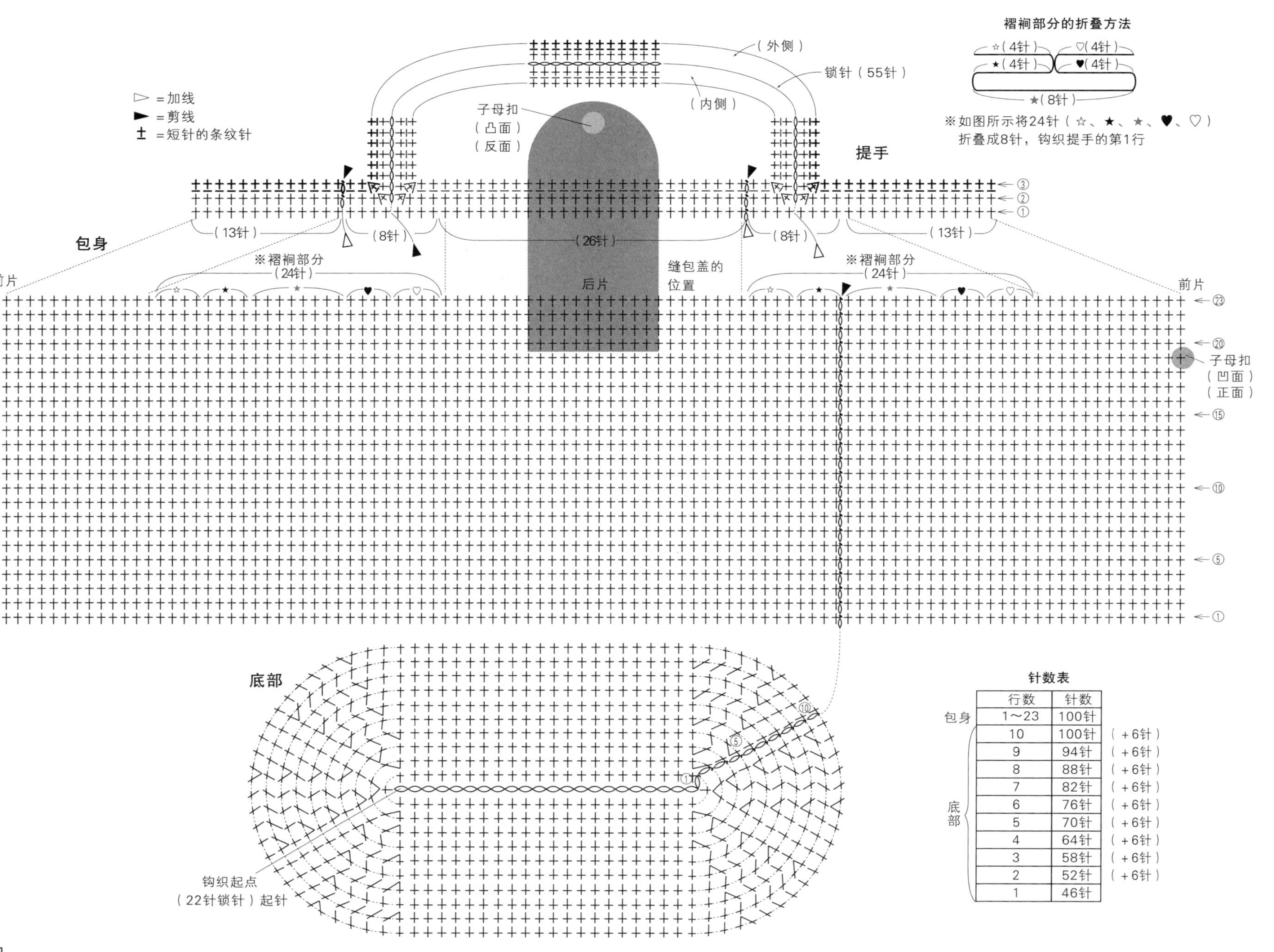

针数表

	行数	针数	
包身	1～23	100针	
底部	10	100针	（+6针）
	9	94针	（+6针）
	8	88针	（+6针）
	7	82针	（+6针）
	6	76针	（+6针）
	5	70针	（+6针）
	4	64针	（+6针）
	3	58针	（+6针）
	2	52针	（+6针）
	1	46针	

II 花片手提包 p.16、17

材料和工具

和麻纳卡 Amaito Linen 30 A：绿色（107）/ B：粉红色（105）190g，A：灰米色（103）/ B：白色（101）90g，钩针 5/0 号、6/0 号、7/0 号

成品尺寸

宽 31cm，深 19cm（不含提手）

密度

10cm×10cm 面积内：短针 22 针，22.5 行（5/0 号针）

钩织要点

●底部和侧边钩织 18 针锁针起针，参照图示无须加减针钩织 36 行短针，接着一边在两端加针一边钩织 42 行短针。从起针的另一侧挑针，用相同方法钩织 78 行短针。

●包身的花片 a、b、c 环形起针，参照图示分别钩织 3 行。注意使用的针号不同。参照图示按横向 4 片、纵向 3 片排列花片，再按纵向、横向的顺序做引拔连接。在花片 c 一侧的包口钩织 8 行短针。

●提手钩织 56 针锁针起针，参照图示钩织 8 行短针。将钩织起点的锁针与第 8 行正面朝外重叠，钩织引拔针，制作 2 根提手。

●参照组合方法，组合成手提包。

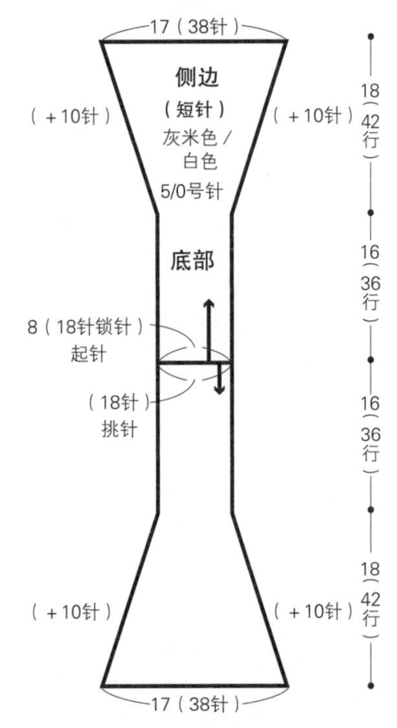

底部和侧边

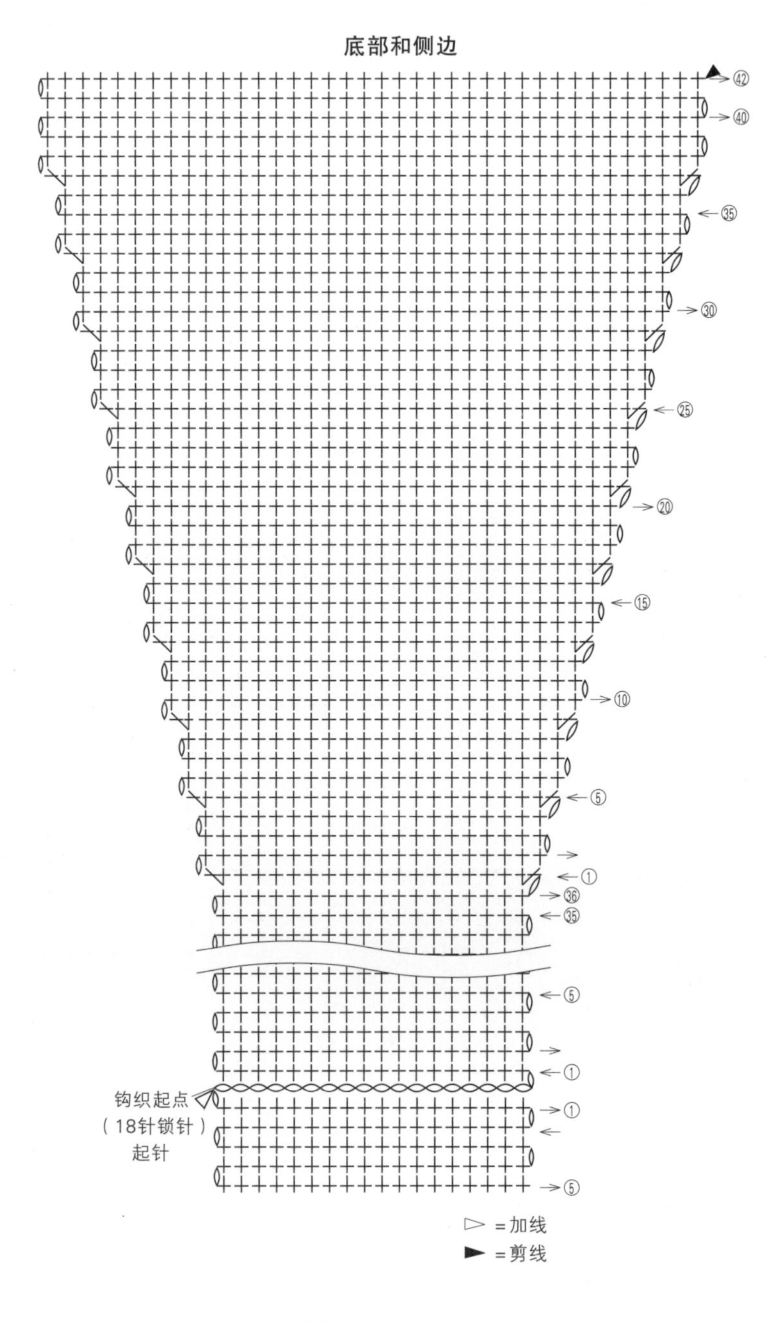

组合方法

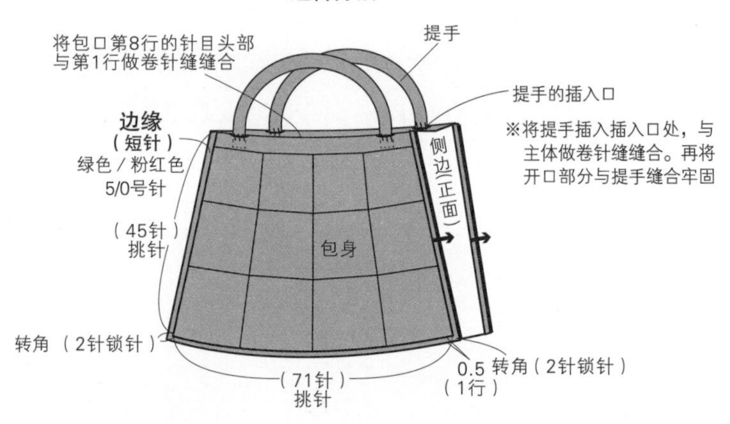

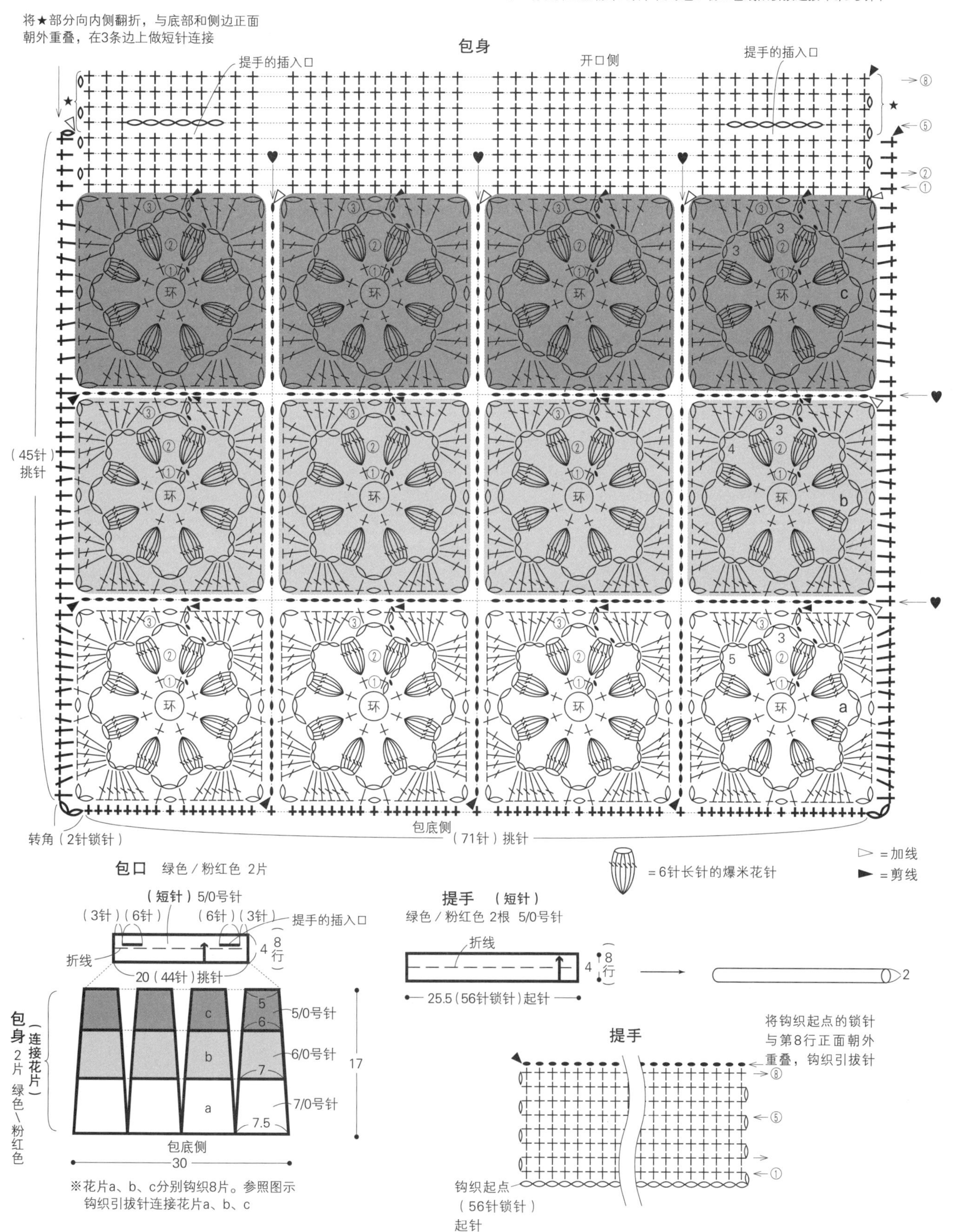

※花片a、b、c分别钩织8片。参照图示钩织引拔针连接花片a、b、c

12 圆点手提包 p.18

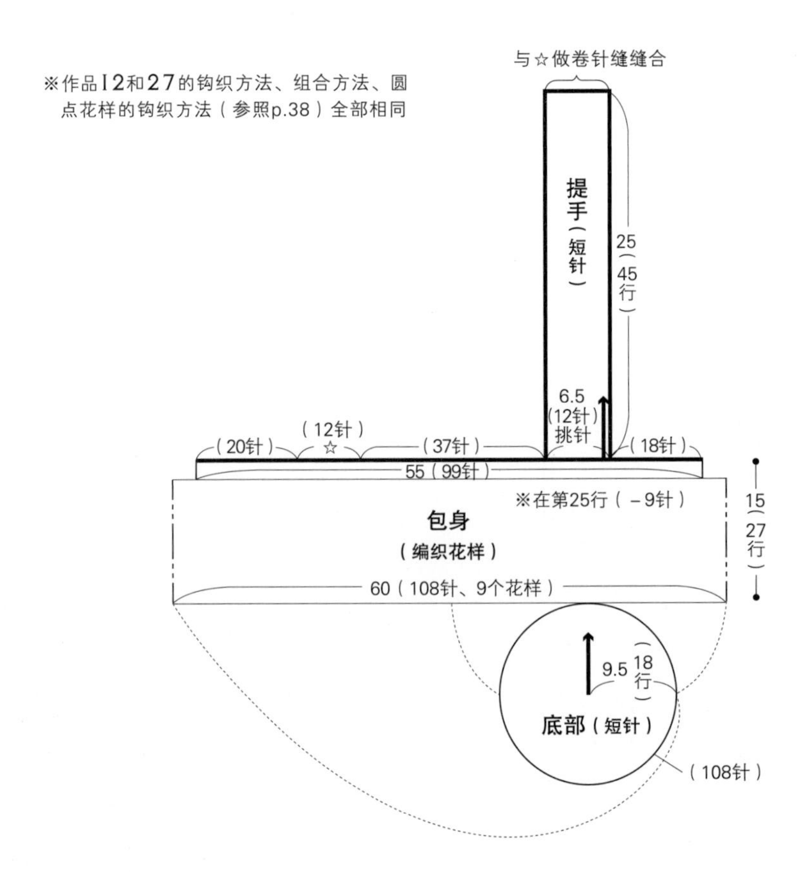

材料和工具

达摩手编线 SASAWASHI 浅棕色（2）125g、象牙白色（1）10g，钩针 7/0 号

成品尺寸

宽 30cm，深 15cm（不含提手）

密度

10cm×10cm 面积内：短针、编织花样均为 18 针，18 行

钩织要点

●底部环形起针，参照图示一边加针一边钩织 18 行短针。接着，包身按编织花样无须加减针钩织至第 24 行，在第 25 行减针后继续钩织至第 27 行。

●钩织提手时，在包身的指定位置加线挑取 12 针，钩织 45 行短针。钩织终点与包身的指定位置（☆）做卷针缝缝合。

27 羊毛圆点手提包 p.35

组合方法

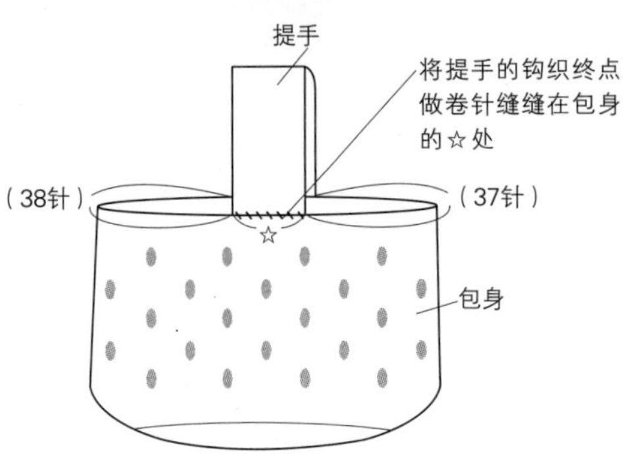

材料和工具

达摩手编线 Merino Worsted（极粗）灰色（302）115g、GEEK 蓝色、黄色（2）10g，钩针 7/0 号

成品尺寸

宽 30cm，深 15cm（不含提手）

密度

10cm×10cm 面积内：短针、编织花样均为 18 针，18 行

针数表

	行数	针数	
包身	26、27	99针	
	25	99针	（-9针）
	1～24	108针	
底部	18	108针	（+6针）
	17	102针	（+6针）
	16	96针	（+6针）
	15	90针	（+6针）
	14	84针	（+6针）
	13	78针	（+6针）
	12	72针	（+6针）
	11	66针	（+6针）
	10	60针	（+6针）
	9	54针	（+6针）
	8	48针	（+6针）
	7	42针	（+6针）
	6	36针	（+6针）
	5	30针	（+6针）
	4	24针	（+6针）
	3	18针	（+6针）
	2	12针	（+6针）
	1	6针	

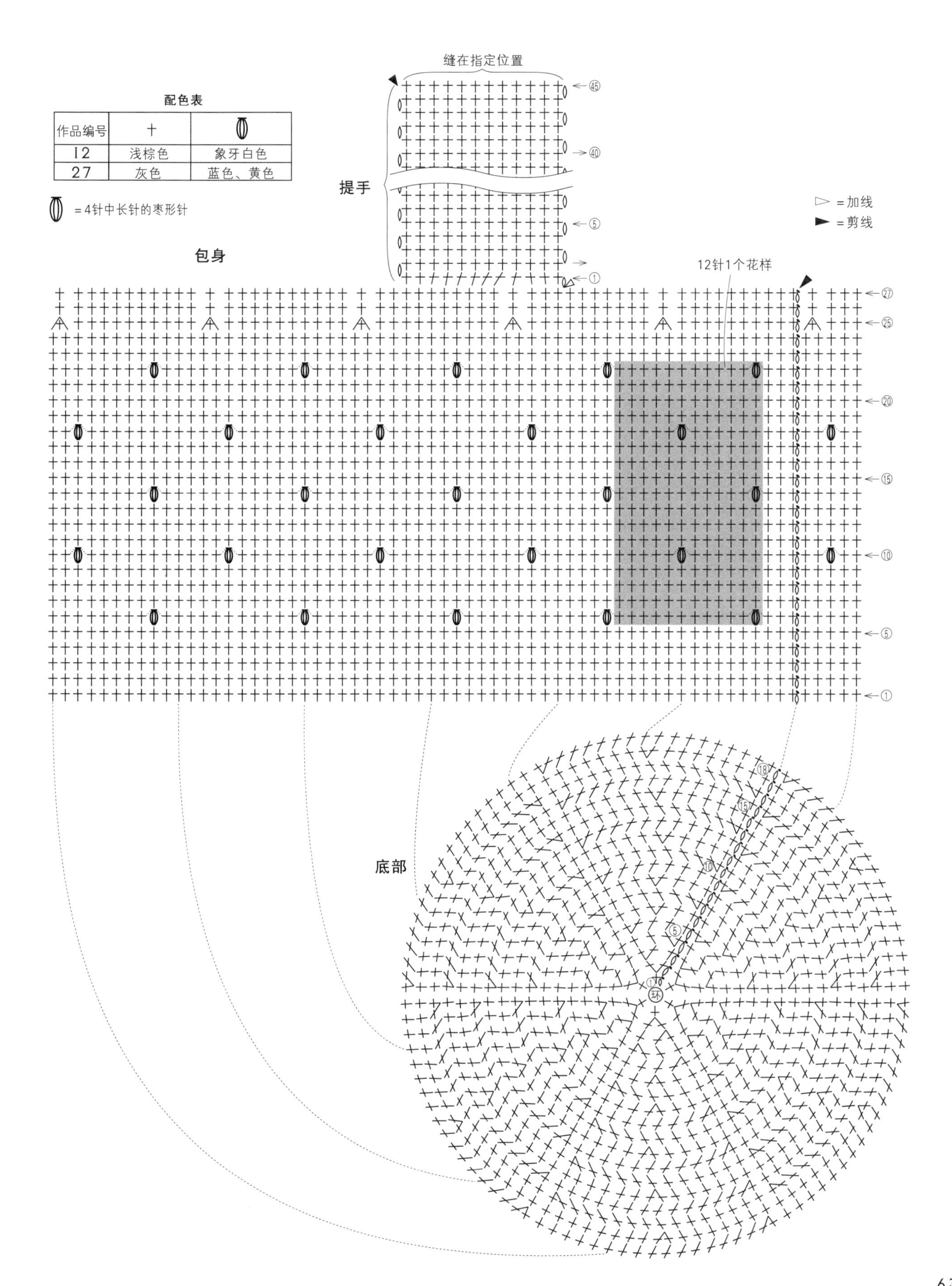

配色表
作品编号
12
浅棕色
象牙白色
27
灰色
蓝色、黄色
=4针中长针的枣形针
缝在指定位置
提手
45
40
5
1
=加线
=剪线
包身
12针1个花样
27
25
20
15
10
5
1
底部
18
15
10
5
1
环

13 褶裥手提包 p.19

材料和工具

达摩手编线 GIMA 灰色（9）310g，钩针 8/0 号

成品尺寸

宽 46cm，深 30cm

密度

10cm×10cm 面积内：短针 12 针，12 行

钩织要点

●包身钩织 44 针锁针起针后，钩织 90 行短针。接着在指定位置加线挑取 30 针钩织 1 行短针，形成褶裥效果。

●包口下方环形起针，钩织 9 行短针。将包身的♡与包口下方的♥部分正面朝内对齐做引拔连接。翻回正面，在包口下方加线，包口部分钩织 6 行短针，在正面朝外的状态下对折缝合。

●提手预先钩织 2 条 56 针的锁针，参照图示挑针，环形钩织 11 行短针。第 7 行钩织短针的条纹针。在正面朝外的状态下翻折提手，将最后一行卷针缝缝在第 1 行上。

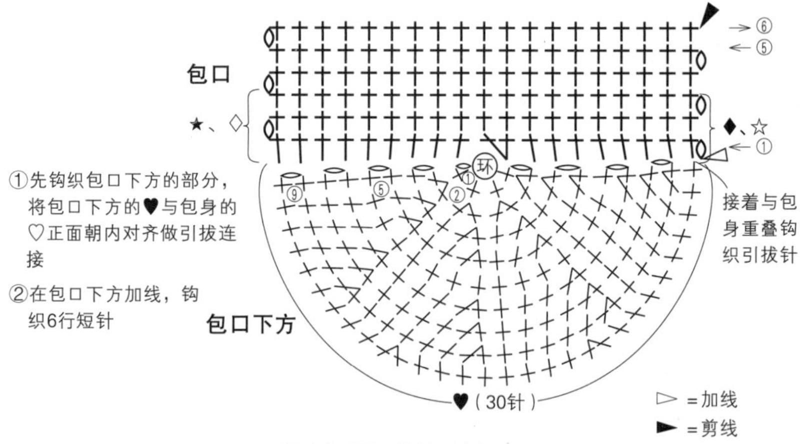

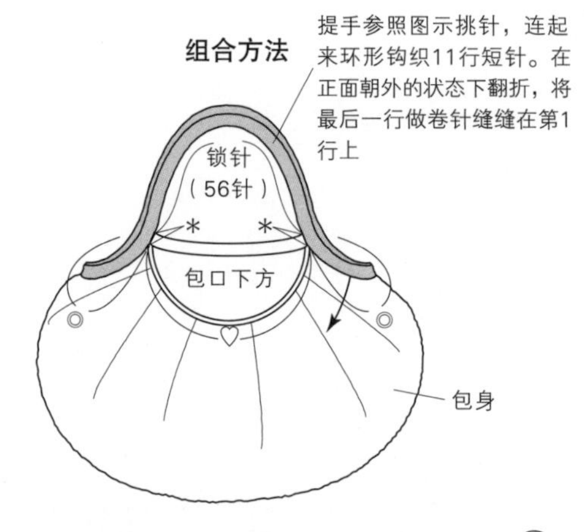

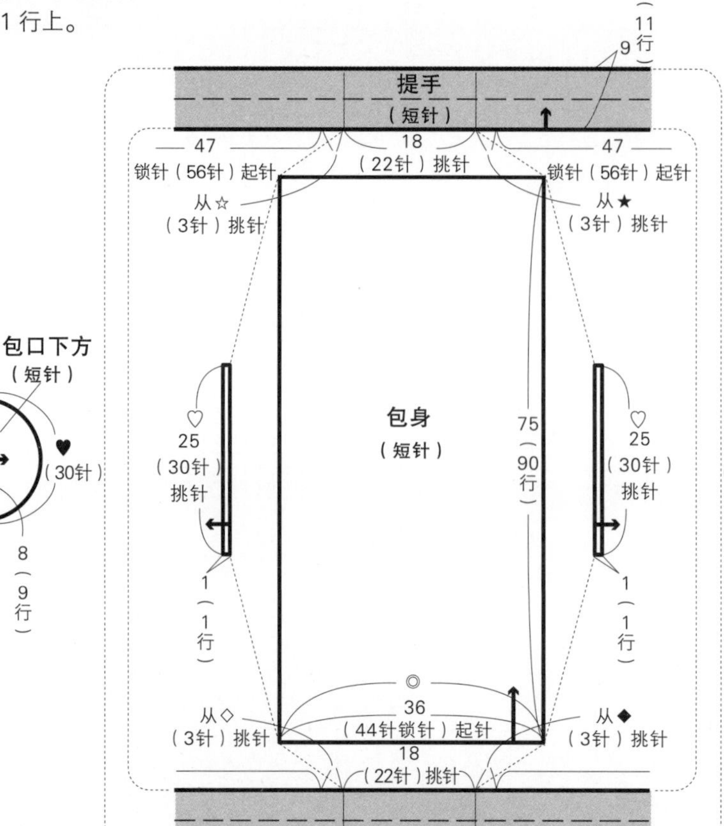

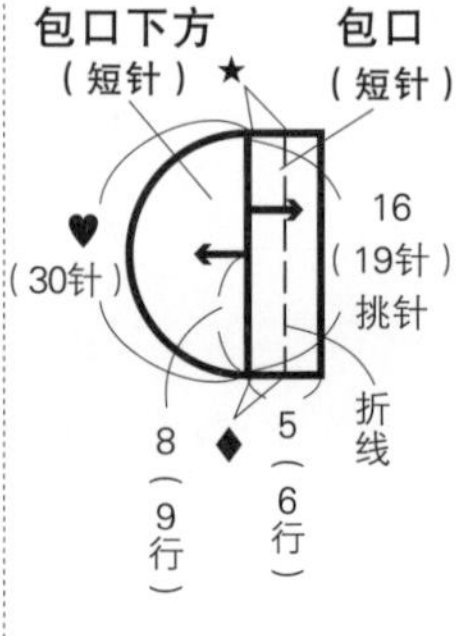

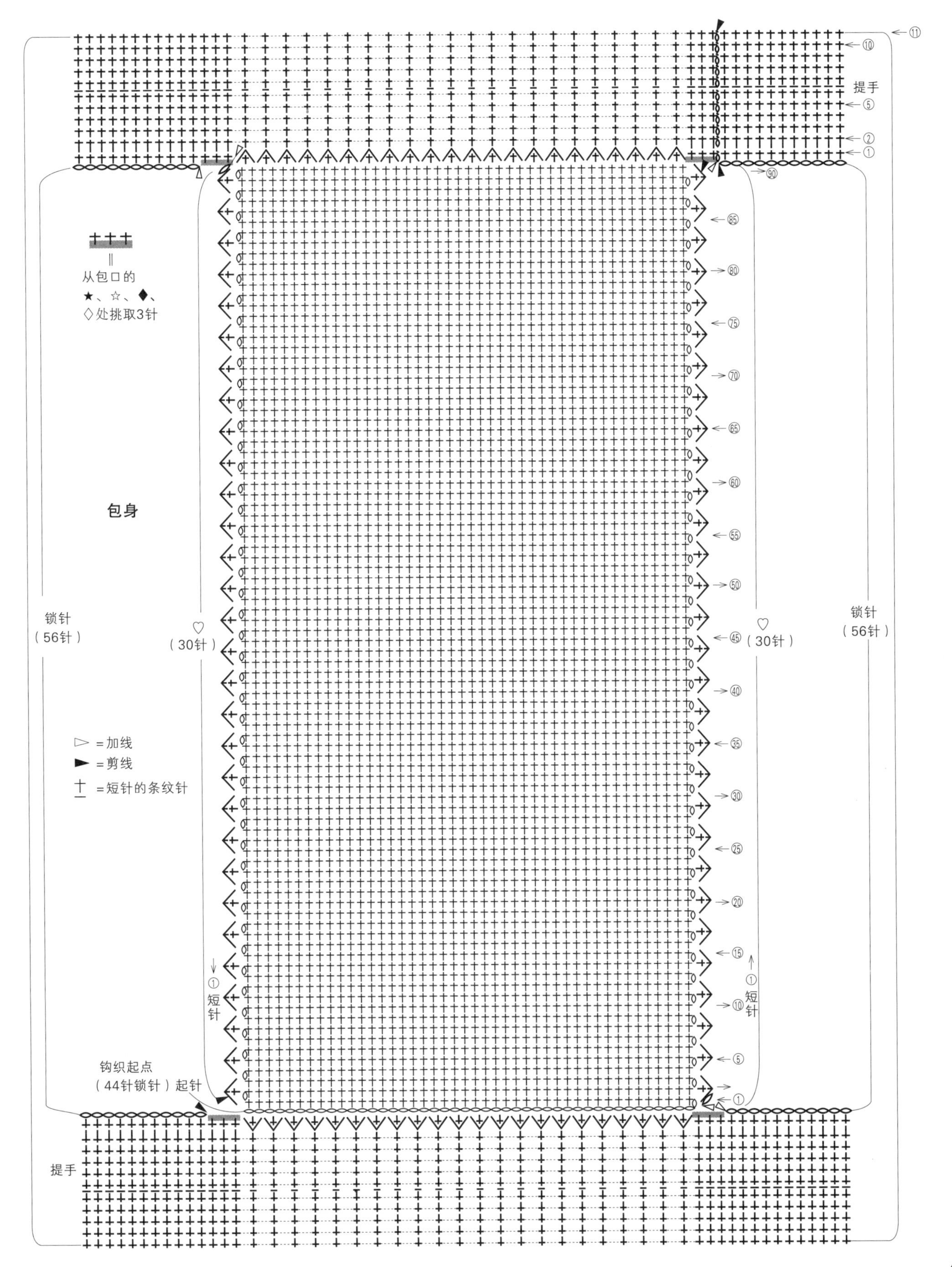
⑪
⑩
提手
⑤
②
①
⑨⓪
⑧⑤
⑧⓪
⑦⑤
⑦⓪
⑥⑤
⑥⓪
⑤⑤
⑤⓪
④⑤
④⓪
③⑤
③⓪
②⑤
②⓪
⑮
⑩
⑤
①
从包口的
★、☆、◆、
◇处挑取3针
包身
锁针
（56针）
♡
（30针）
♡
（30针）
锁针
（56针）
▷ =加线
► =剪线
=短针的条纹针
①
短
针
①
短
针
钩织起点
（44针锁针）起针
提手

14 蝙蝠包 p.20、21

材料和工具

和麻纳卡 eco-ANDARIA A：黑色（30）/ B：银色（174）345g，皮革提手（INAZUMA KM-18 / 黑色 #26 / 46cm）1组，钩针7/0号

成品尺寸

宽27cm，深22cm

密度

10cm×10cm 面积内：编织花样14.5针，14行（2根线）

10cm×10cm 面积内：短针11.5针，14行（2根线）

钩织要点

全部用2根线合股钩织

●包身钩织53针锁针起针，参照图示按短针和编织花样一共钩织96行。

●包身分别对齐相同标记，正面朝内重叠做引拔连接。

●在包口和包盖的指定位置钩织引拔针。

●沿包盖的短针的条纹针位置翻折，在重叠部分钩织引拔针。

●将提手缝在包身的指定位置。

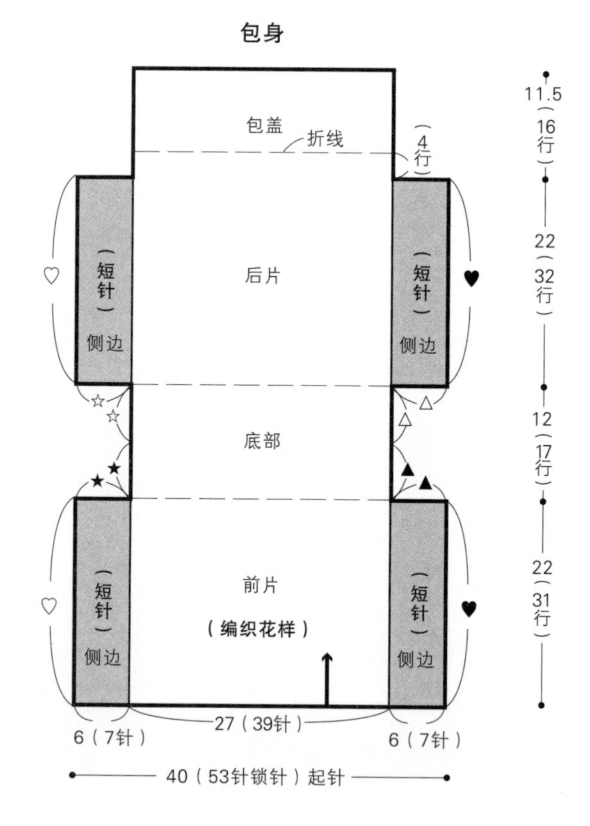

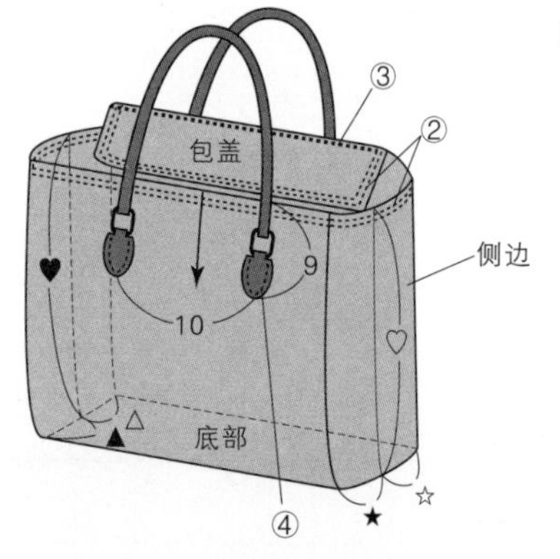

组合方法

①分别对齐相同标记（♥、♡、▲、△、★、☆），正面朝内重叠做引拔连接

②为了防止拉伸变形，参照编织图，在包口周围和包盖边缘从织物的上面挑针钩织引拔针

③沿包盖的短针的条纹针位置翻折，在重叠部分钩织引拔针

④将提手缝在指定位置

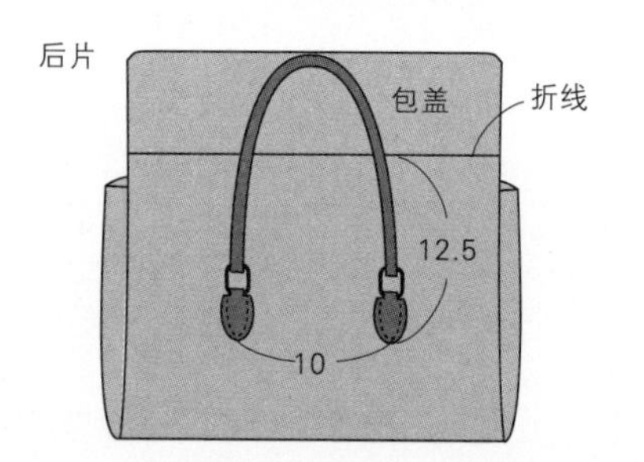

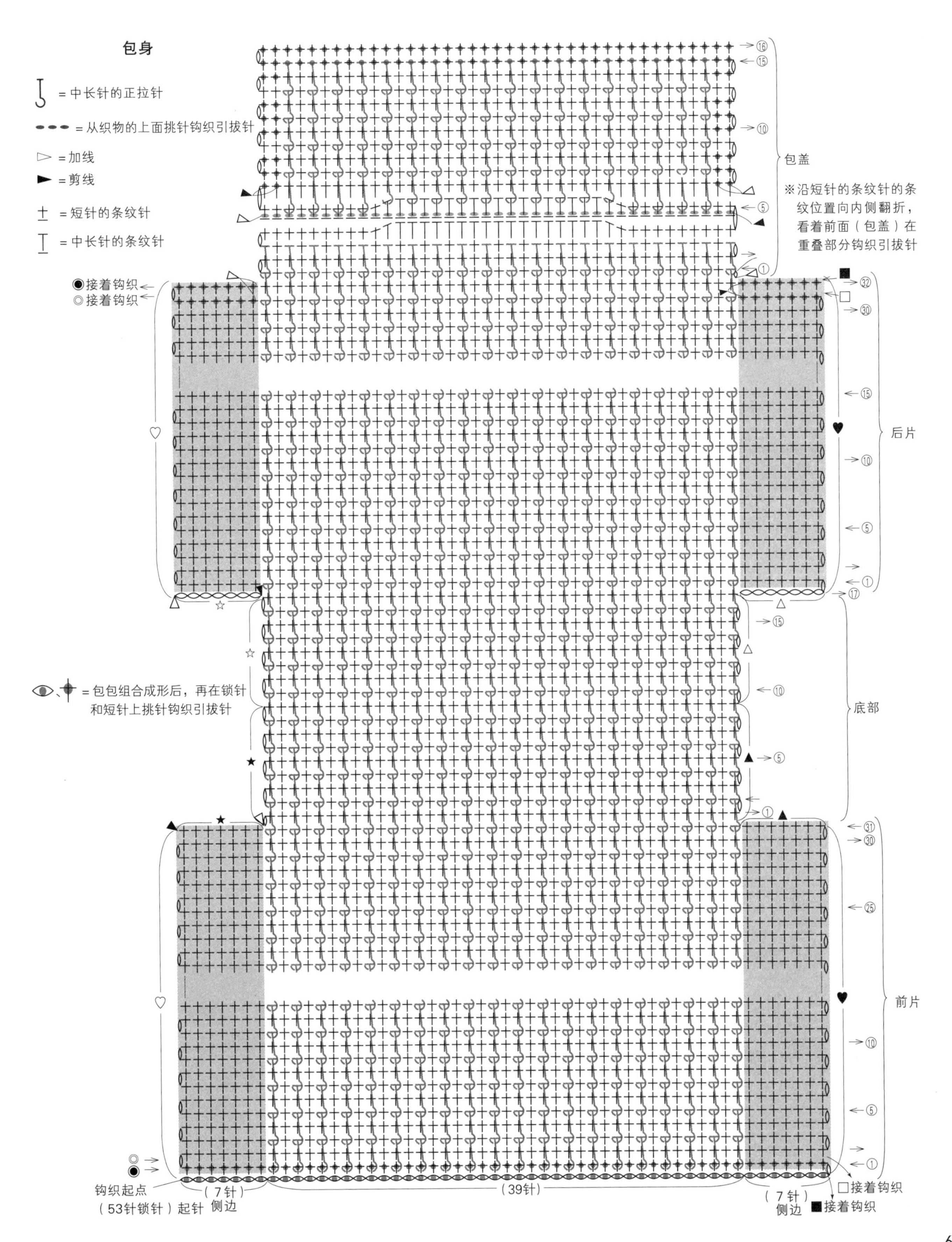
包身
= 中长针的正拉针
= 从织物的上面挑针钩织引拔针
= 加线
= 剪线
= 短针的条纹针
= 中长针的条纹针
包盖
※沿短针的条纹针的条纹位置向内侧翻折，看着前面（包盖）在重叠部分钩织引拔针
◉接着钩织
◎接着钩织
后片
底部
前片
= 包包组合成形后，再在锁针和短针上挑针钩织引拔针
钩织起点
（53针锁针）起针
（7针）侧边
（39针）
（7针）侧边
□接着钩织
■接着钩织

15 圆形手提包 p.22

材料和工具

达摩手编线 GIMA 深绿色（3）190g，钩针 8/0 号

成品尺寸

宽 23cm，深 23cm（不含提手、侧边）

钩织要点

●包身 A、B 分别环形起针，参照图示一边加针一边钩织 8 行长针，仅第 9 行钩织短针。接着，侧边部分分别参照图示钩织 14 行短针。

●制作提手时，钩织 50 针锁针起针，环形钩织 2 行短针。提手内芯钩织 150 针锁针。将提手上下两侧对齐做藏针缝缝合后穿入提手内芯。

●参照图示缝合 A、B，再将提手缝在包身的指定位置。

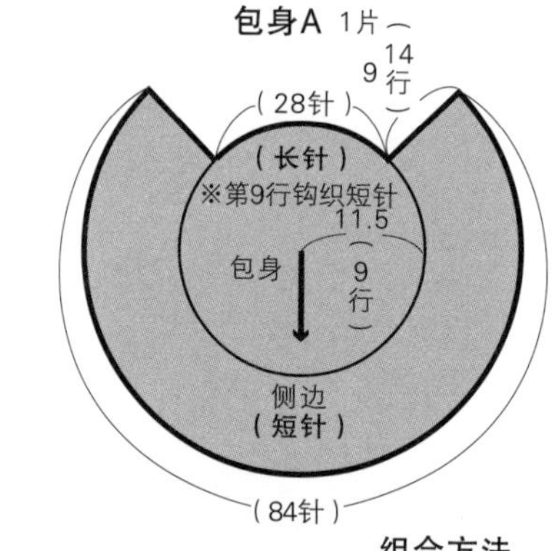

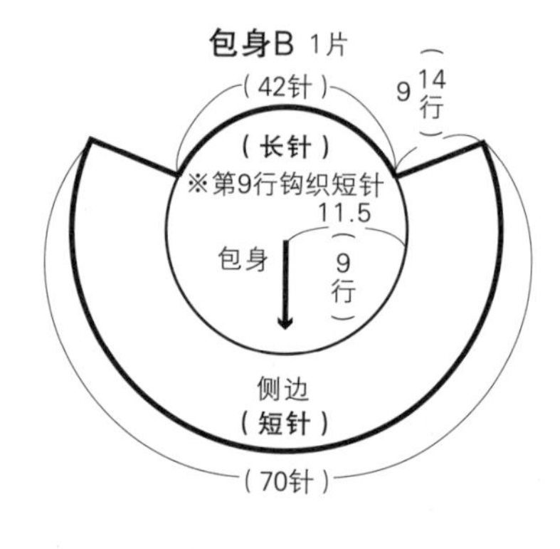

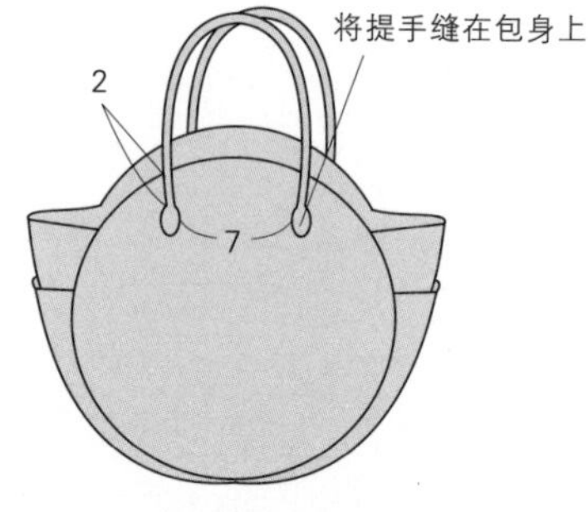

※将包身B的侧边重叠在包身A的侧边上，将侧边最后一行的针目与包身第9行针目头部的后面半针缝合

将提手缝在包身上

2

7

提手内芯 2根 8/0号针

留出20cm左右的线头

约100（150针锁针）

分别在第50针和第100针里穿入线头固定

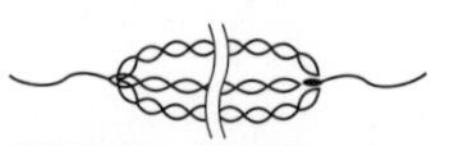

提手的组合方法

将提手上下两侧对齐做藏针缝缝合，在筒状结构中穿入提手内芯

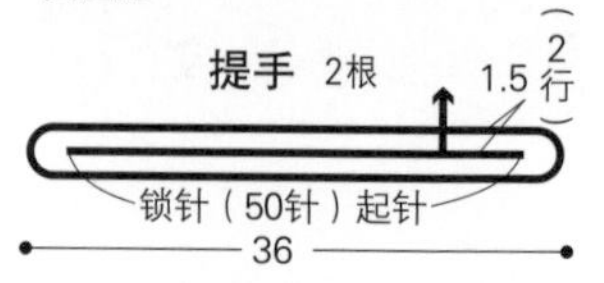

用提手内芯的线头在提手上（反面）做回针缝固定

包身A

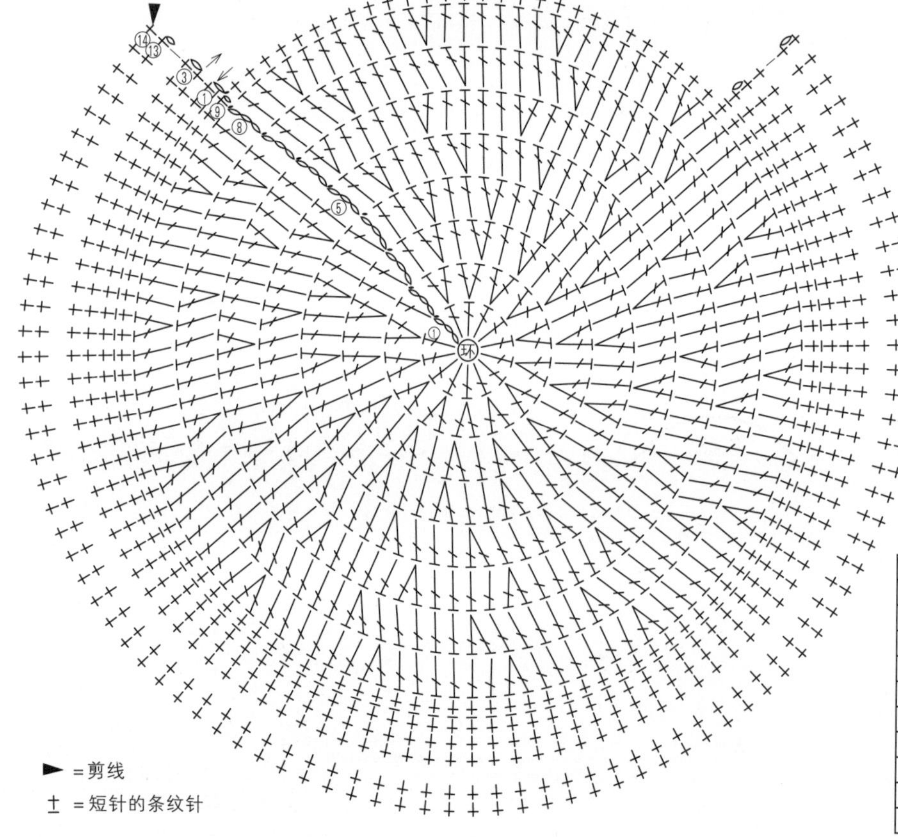

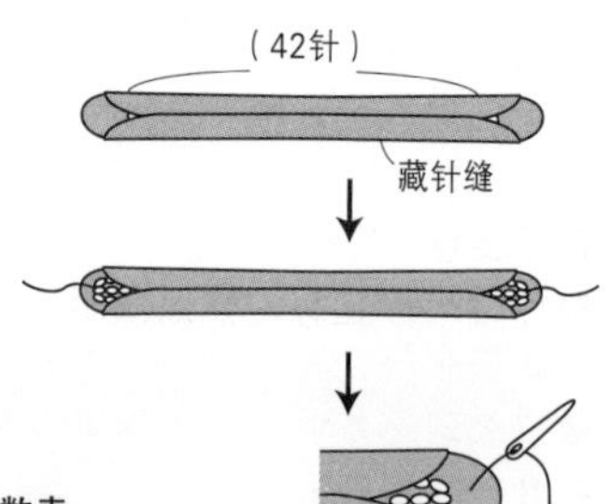

包身A的针数表

行数	针数	
1～14	84针	（−28针）
9	112针	
8	112针	（＋14针）
7	98针	（＋14针）
6	84针	（＋14针）
5	70针	（＋14针）
4	56针	（＋14针）
3	42针	（＋14针）
2	28针	（＋14针）
1	14针	

► ＝剪线

† ＝短针的条纹针

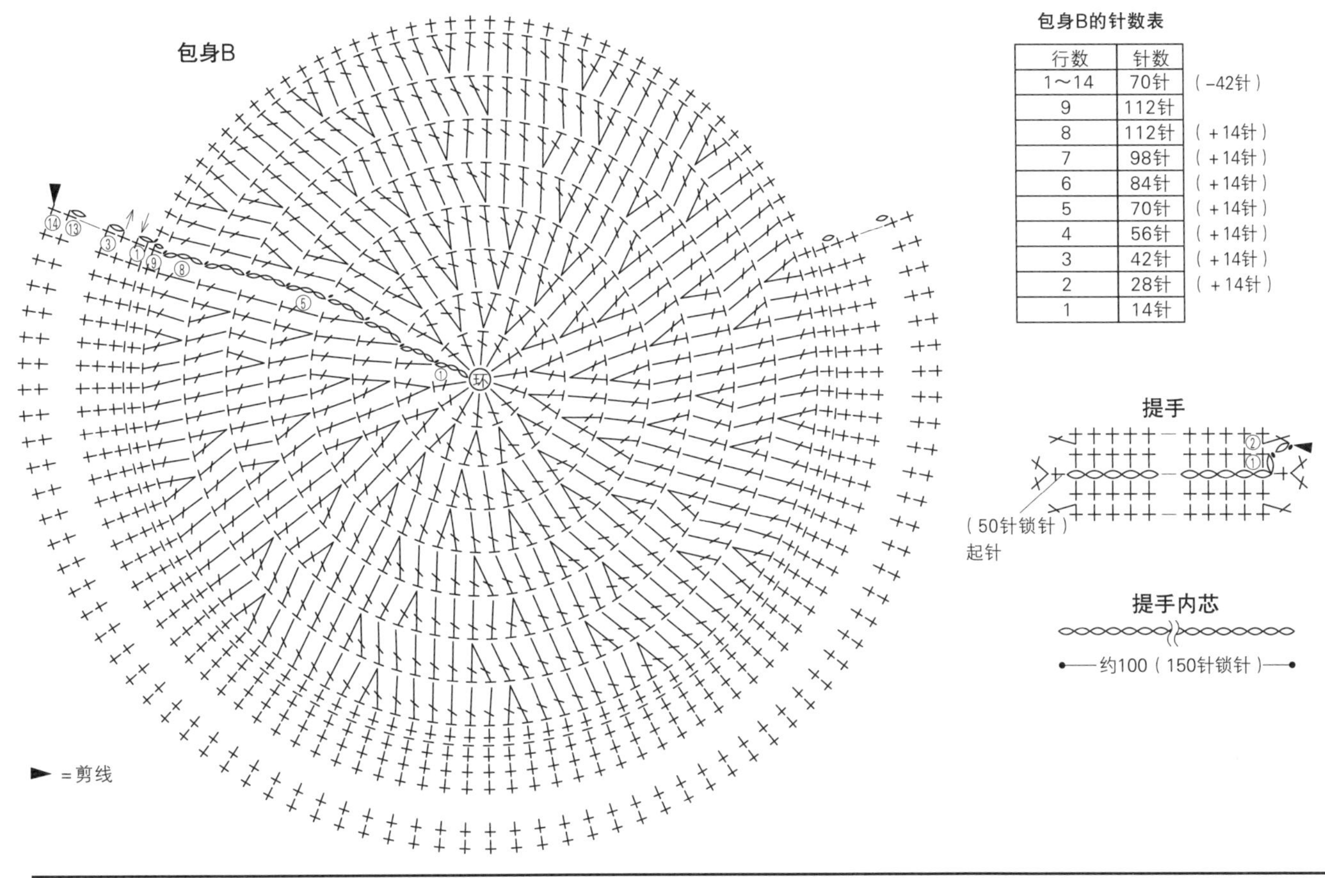

包身B的针数表

行数	针数	
1～14	70针	（-42针）
9	112针	
8	112针	（+14针）
7	98针	（+14针）
6	84针	（+14针）
5	70针	（+14针）
4	56针	（+14针）
3	42针	（+14针）
2	28针	（+14针）
1	14针	

16 圆形化妆包 p.23

材料和工具

达摩手编线 GIMA 黄色（4）40g，20cm 的拉链 1 条，钩针 8/0 号

成品尺寸

宽 13cm，深 13cm

钩织要点

- ●包身环形起针，参照图示一边加针一边钩织 4 行长针，接着钩织 1 行短针。
- ●口袋环形起针，参照图示一边加针一边钩织 3 行长针。
- ●将口袋重叠在其中 1 片主体上，中心对齐，缝合开口（♡）以外的部分。
- ●将 2 片包身正面朝外对齐，在★部分缝上拉链，再用藏针缝将☆部分缝合。
- ●在拉链的拉头小孔中穿入同款编织线后打结。

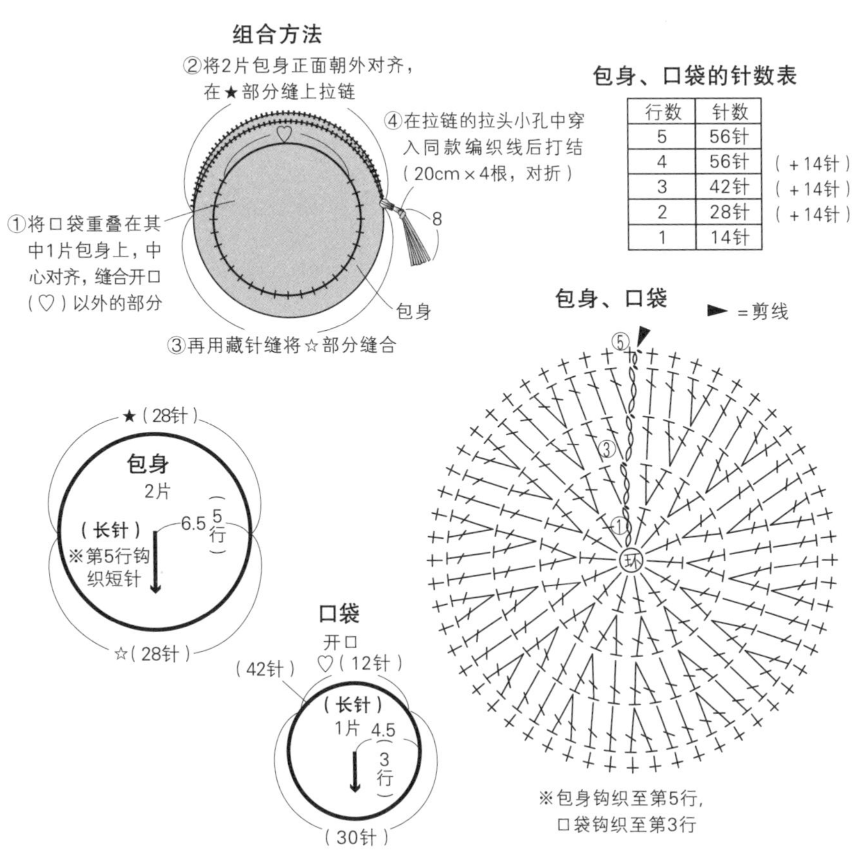

包身、口袋的针数表

行数	针数	
5	56针	
4	56针	（+14针）
3	42针	（+14针）
2	28针	（+14针）
1	14针	

17 半月形化妆包 p.23

材料和工具
达摩手编线 GIMA 蓝绿色（8）40g，20cm 的拉链 1 条，钩针 8/0 号

成品尺寸
宽 18cm，深 9cm

钩织要点
●包身环形起针，参照图示一边加针一边钩织 5 行长针，接着钩织 1 行短针。
●口袋环形起针，参照图示一边加针一边钩织 4 行长针。
●包身正面朝外对折，分别对齐相同标记♡、♥做藏针缝缝合，然后在★、☆部分缝上拉链。
●口袋正面朝外对折，分别对齐相同标记△、▲做藏针缝缝合，再塞入包身内，缝合底部。
●在拉链的拉头上穿入同款编织线后打结。

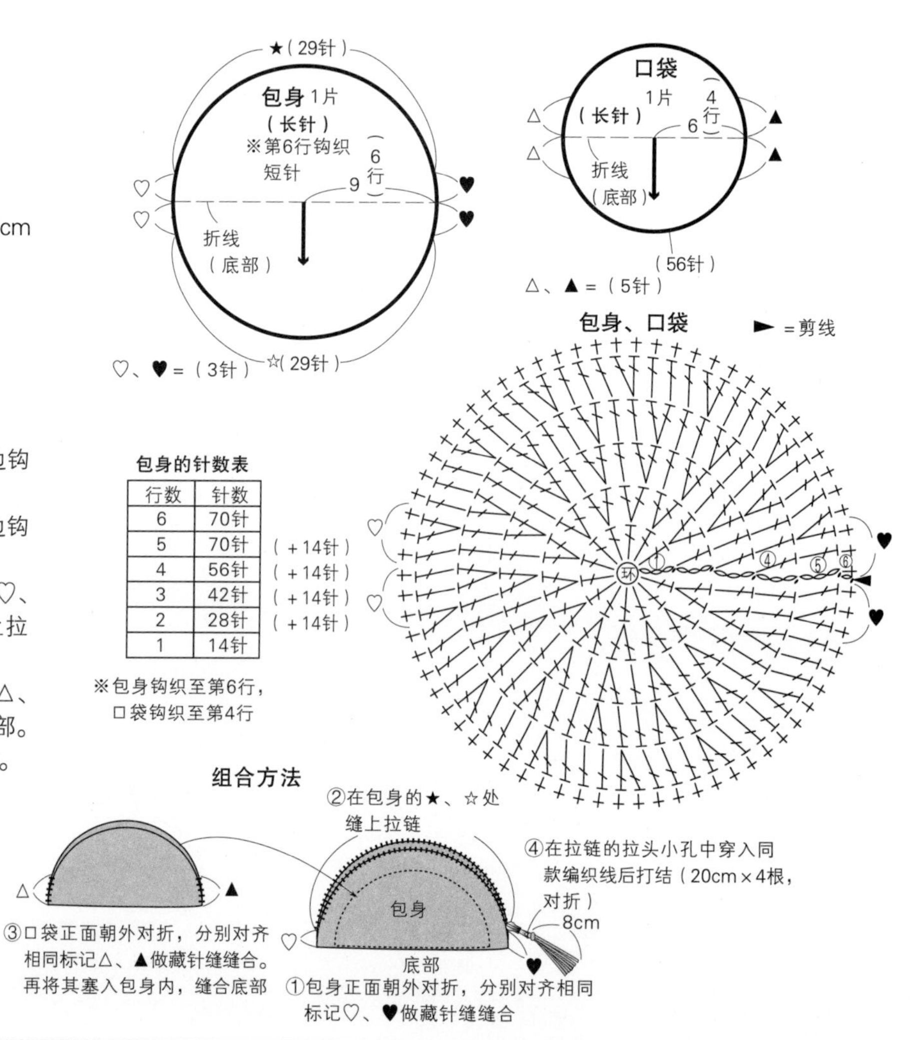

包身的针数表

行数	针数	
6	70针	
5	70针	（+14针）
4	56针	（+14针）
3	42针	（+14针）
2	28针	（+14针）
1	14针	

※包身钩织至第6行，
口袋钩织至第4行

19 贝雷帽和胸针 p.26

材料和工具
和麻纳卡 Amaito Linen 30 灰米色（103）120g，藏青色（109）5g，长 3cm 的别针 1 个，钩针 5/0 号、3/0 号

成品尺寸
贝雷帽：头围 52cm，深 23.5cm
胸针：直径 7.5cm

密度
10cm×10cm 面积内：编织花样 19 针，11 行

钩织要点
●贝雷帽环形起针，参照图示一边加减针一边按编织花样钩织 23 行。接着钩织 4 行边缘编织。
●胸针环形起针，参照图示一边加针一边按编织花样钩织 4 行。在反面缝上别针。

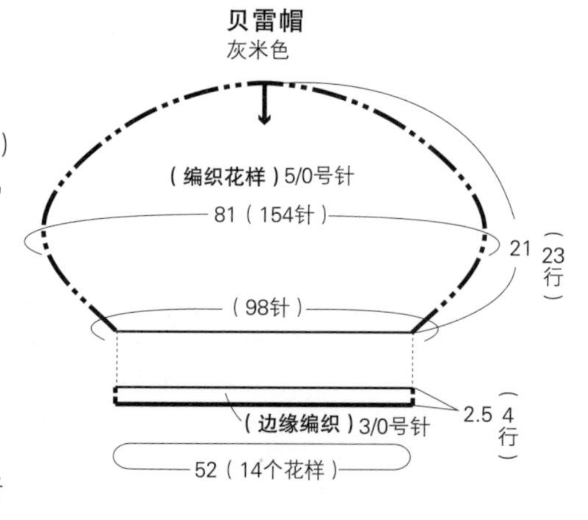

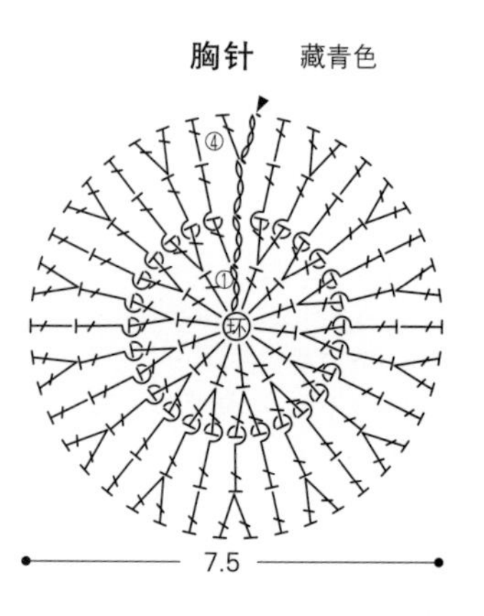

在反面缝上别针

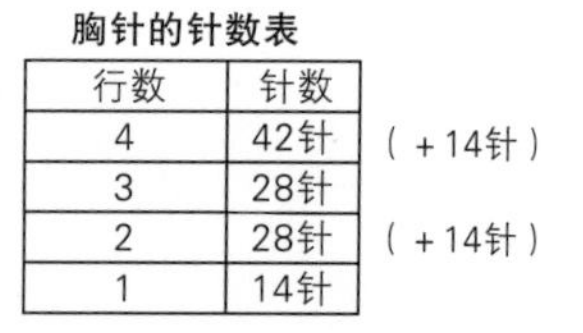
胸针的针数表

行数	针数	
4	42针	（+14针）
3	28针	
2	28针	（+14针）
1	14针	

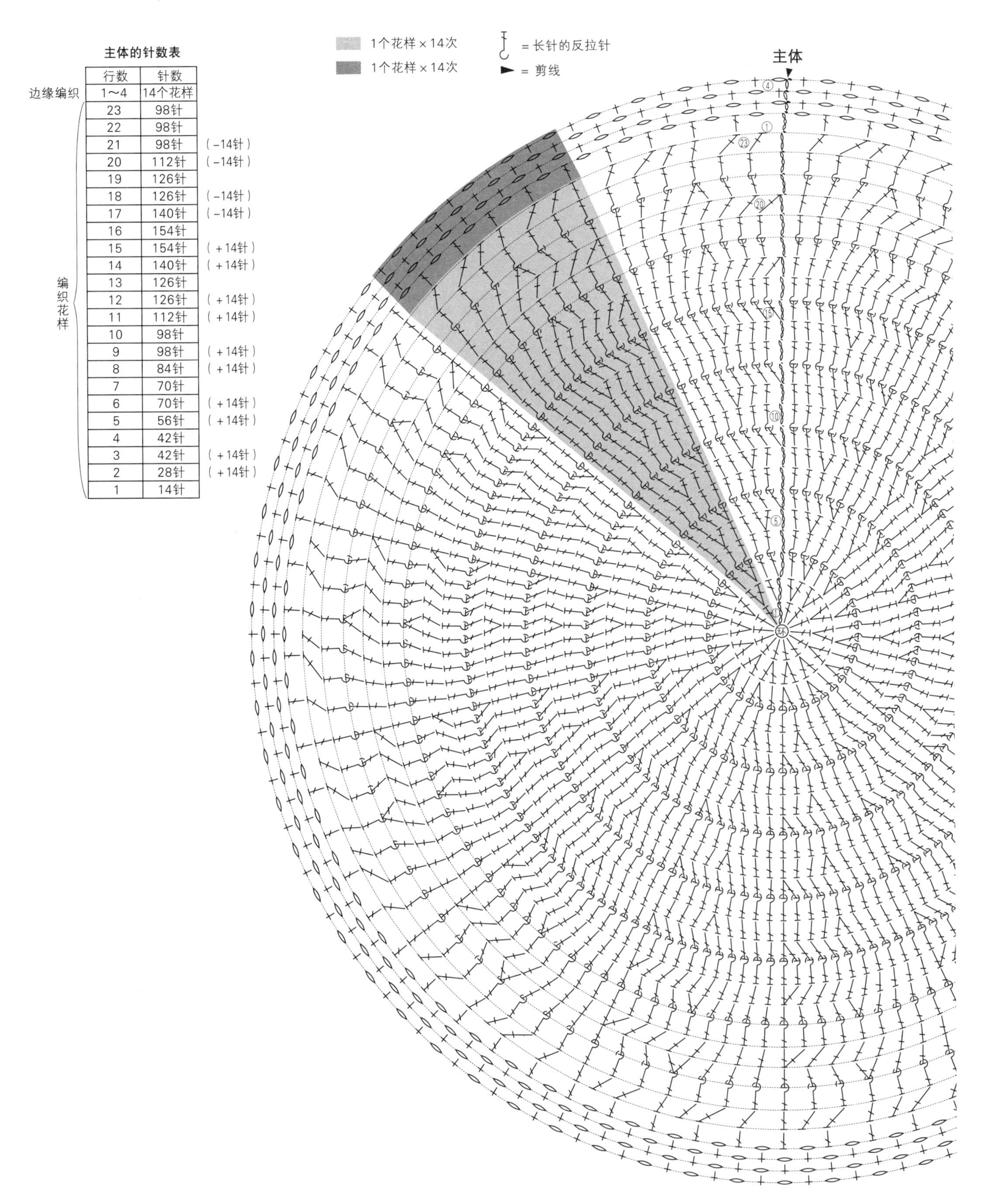

主体的针数表

	行数	针数	
边缘编织	1～4	14个花样	
编织花样	23	98针	
	22	98针	
	21	98针	(－14针)
	20	112针	(－14针)
	19	126针	
	18	126针	(－14针)
	17	140针	(－14针)
	16	154针	
	15	154针	(＋14针)
	14	140针	(＋14针)
	13	126针	
	12	126针	(＋14针)
	11	112针	(＋14针)
	10	98针	
	9	98针	(＋14针)
	8	84针	(＋14针)
	7	70针	
	6	70针	(＋14针)
	5	56针	(＋14针)
	4	42针	
	3	42针	(＋14针)
	2	28针	(＋14针)
	1	14针	

18 两用手拿包 p.24、25

材料和工具

达摩手编线GIMA黑色（7）60g，蓝色（5）、米色（6）各40g，带连接环的菱形弹片口金（日本纽扣贸易株式会社JS8527-AG / 27cm）1组，带挂扣的包包专用链条（日本纽扣贸易株式会社RWS1506-AG / 90cm）1条，钩针8/0号

成品尺寸

宽27cm，深21cm

密度

10cm×10cm面积内：短针条纹14针，14.5行

钩织要点

●包身钩织54针锁针起针，参照图示钩织38行短针条纹。在两端加线，分别钩织8行短针制作口金通道。将这部分向内侧翻折，在反面做斜针缝。

●将包身沿底部的折线正面朝外对折，分别重叠♥与♥、♡与♡钩织1行短针。

●钩织112针锁针制作细绳，穿在带挂扣的链条上，然后分别缝好两端。

●将弹片口金穿入包身的口金通道。再将链条附属的挂扣装在弹片口金的连接环上。

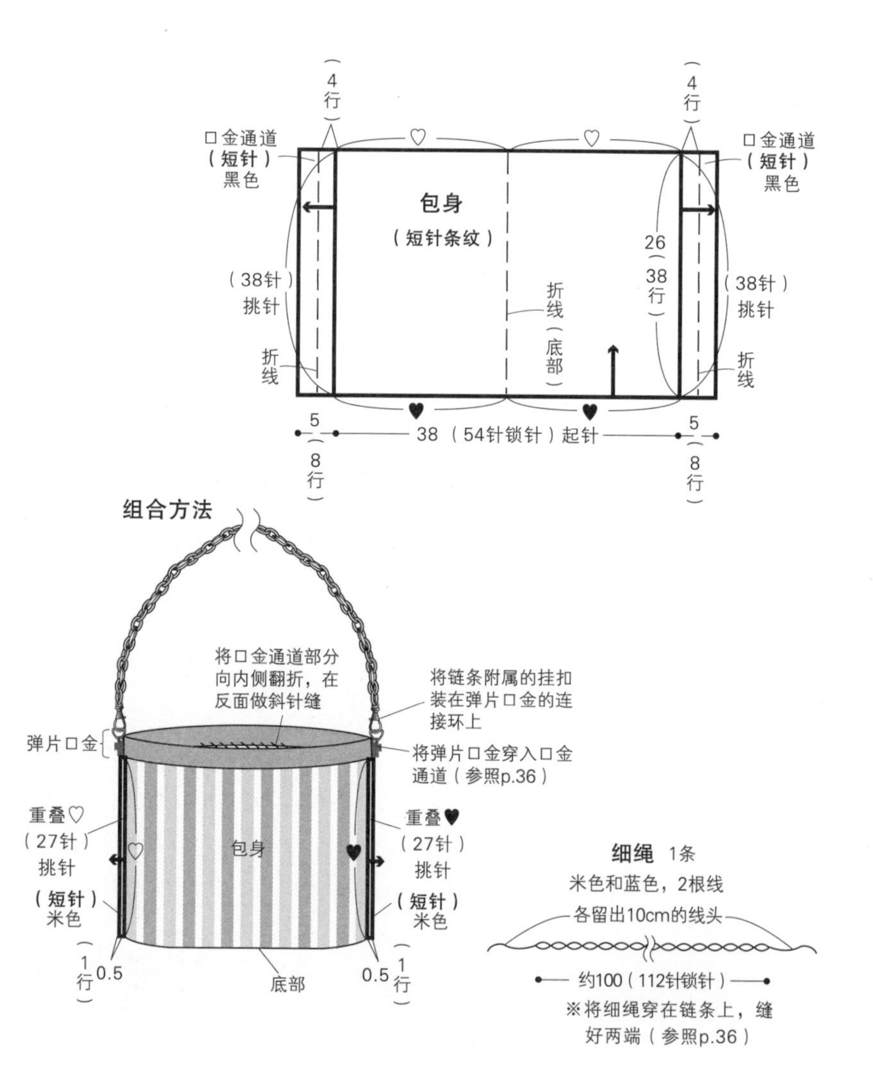

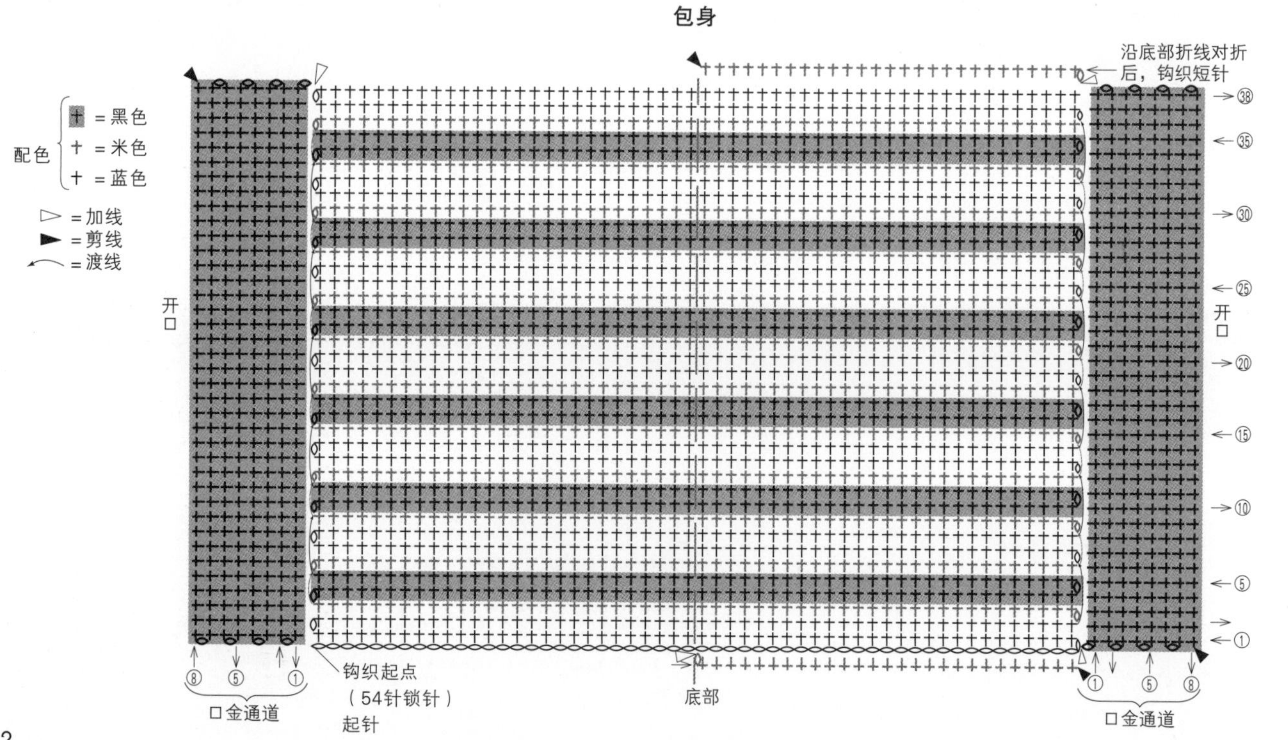

20 带盖手拿包 p.27

材料和工具

达摩手编线 麻线 水蓝色(14)225g，灰色(7)40g，红褐色(12)20g，钩针 8/0 号

成品尺寸

宽 28cm，深 19cm

密度

10cm×10cm 面积内：编织花样 7.5 针，7 行

10cm×10cm 面积内：短针 10 针，12 行

钩织要点

●包身钩织 20 针锁针起针，参照图示按编织花样环形钩织 13 行。

●包盖钩织 20 针锁针起针，参照图示钩织 16 行短针。然后在其他三条边钩织 4 行边缘编织。

●将包盖做卷针缝缝在包身上。

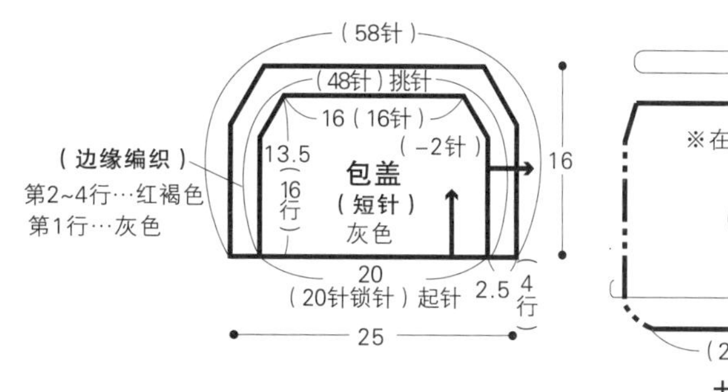

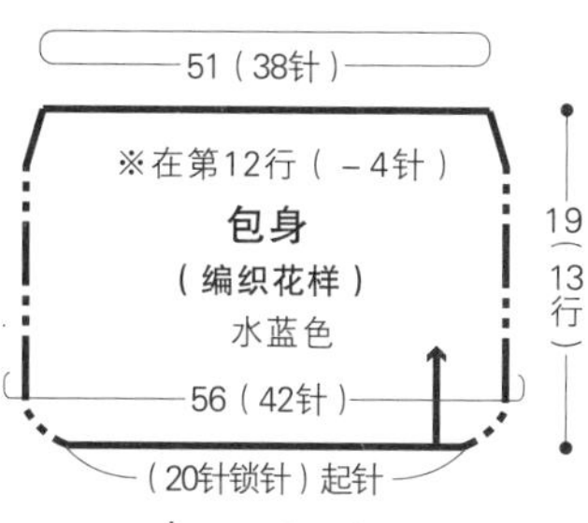

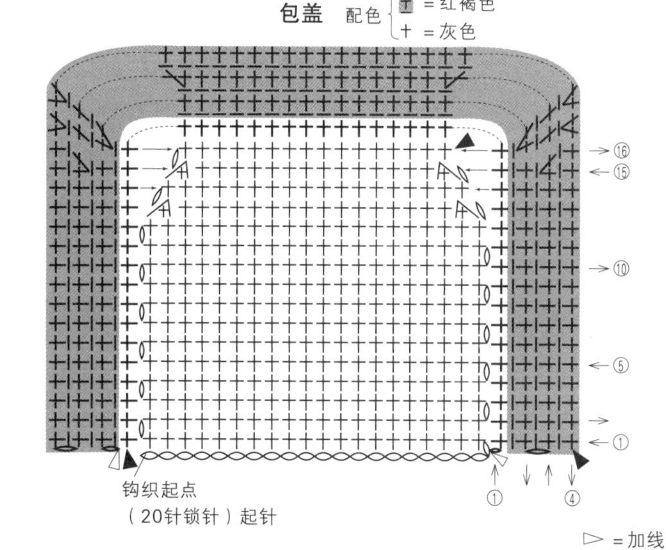

组合方法

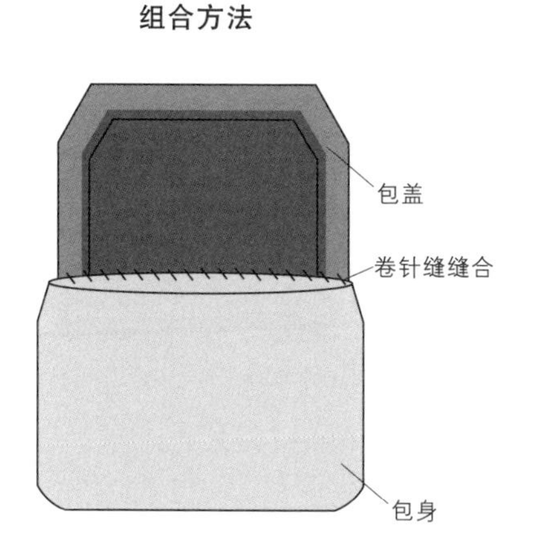

包身的针数表

行数	针数	
13	38针	
12	38针	(-4针)
2~11	42针	
1	42针	

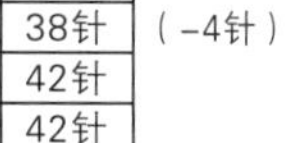

= 5针中长针的枣形针

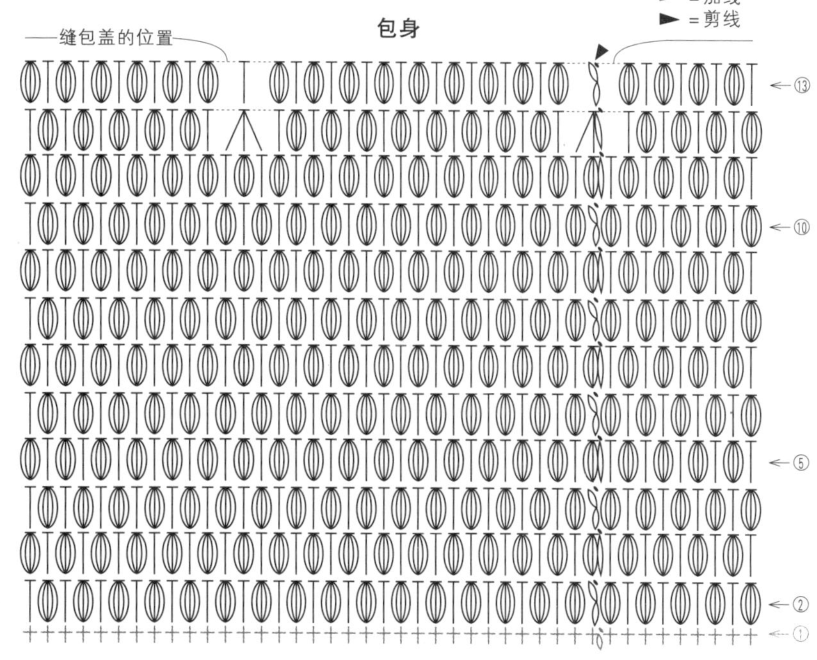

21 麻花花样手提包 p.28

材料和工具

达摩手编线 Wool Jute 米色（1）420g，方形木制提手（角田商店 D28 / 古铜色）1 组，直径 3cm 的纽扣 1 颗，钩针 8/0 号

成品尺寸

宽约 50cm，深 28cm

密度

10cm × 10cm 面积内：短针 11 针，14 行

钩织要点

●包身钩织 100 针锁针起针，参照图示按短针和编织花样一边减针一边钩织 25 行。钩织 2 片相同的织物。

●侧边钩织 100 针锁针起针，参照图示钩织 12 行短针。

●织带 A、B 分别钩织 15 针锁针起针，参照图示钩织 5 行短针。

●在提手上钩织短针。

●参照组合方法，将包身与侧边正面朝内重叠做引拔连接。翻回正面，在开口的指定位置钩织 6 行边缘编织。将边缘编织向内侧对折后与钩织起点做斜针缝。提手在包身的指定位置做引拔连接。用斜针缝将织带 A、B 分别缝在包身的两侧。最后将纽扣缝在织带 B 上。

组合方法

①将2片包身与侧边正面朝内重叠做引拔连接

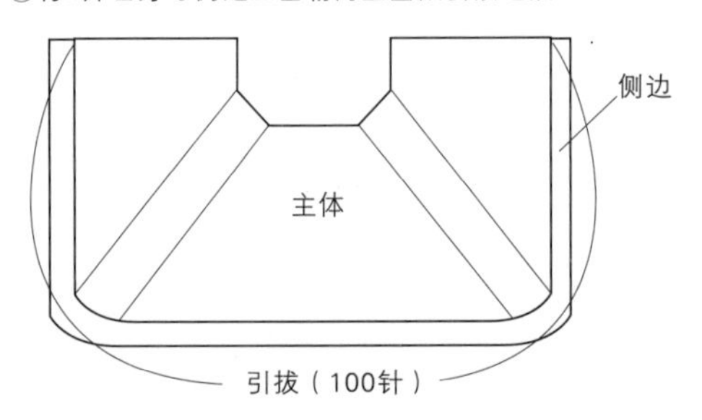

②翻回正面，在开口的指定位置钩织6行边缘编织。向内侧对折后与钩织起点做斜针缝

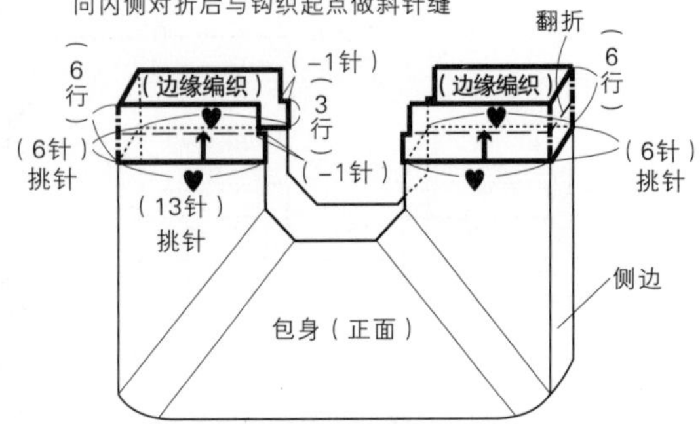

边缘编织

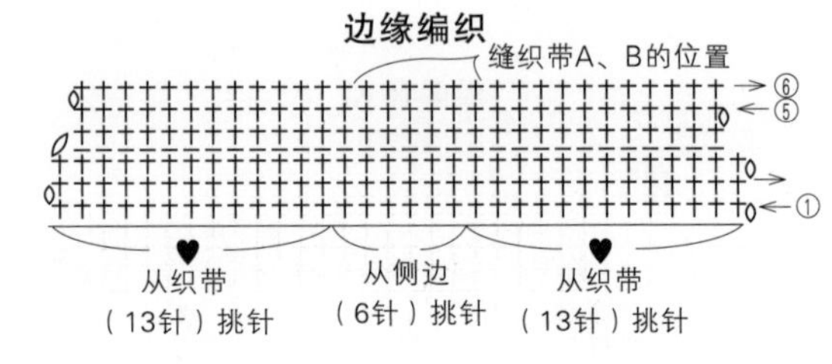

± ＝短针的条纹针

③在提手上钩织短针。从反面与包身做引拔连接

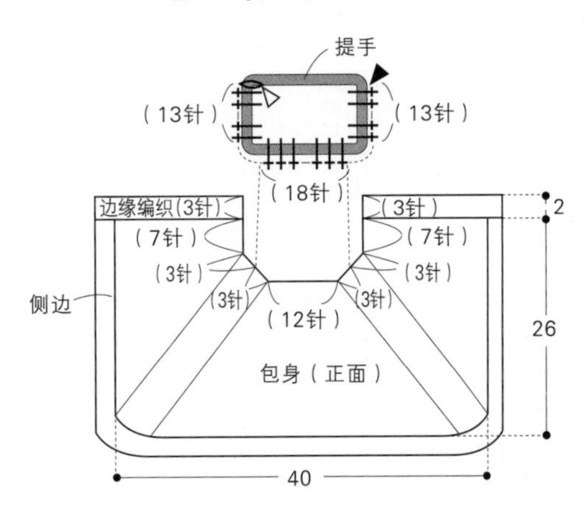

④将织带A、B缝在包身的两侧，再将纽扣缝在带子B上

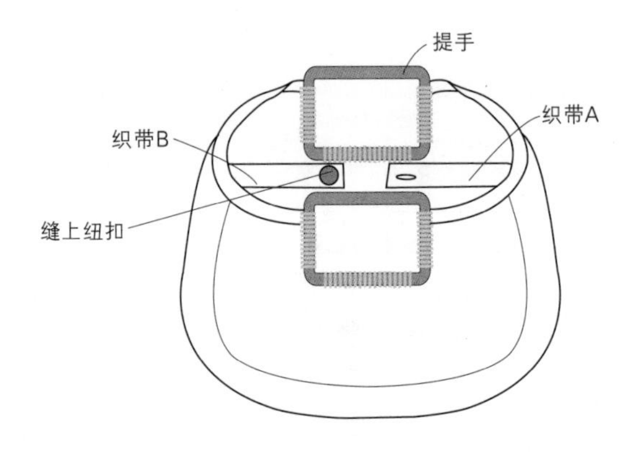

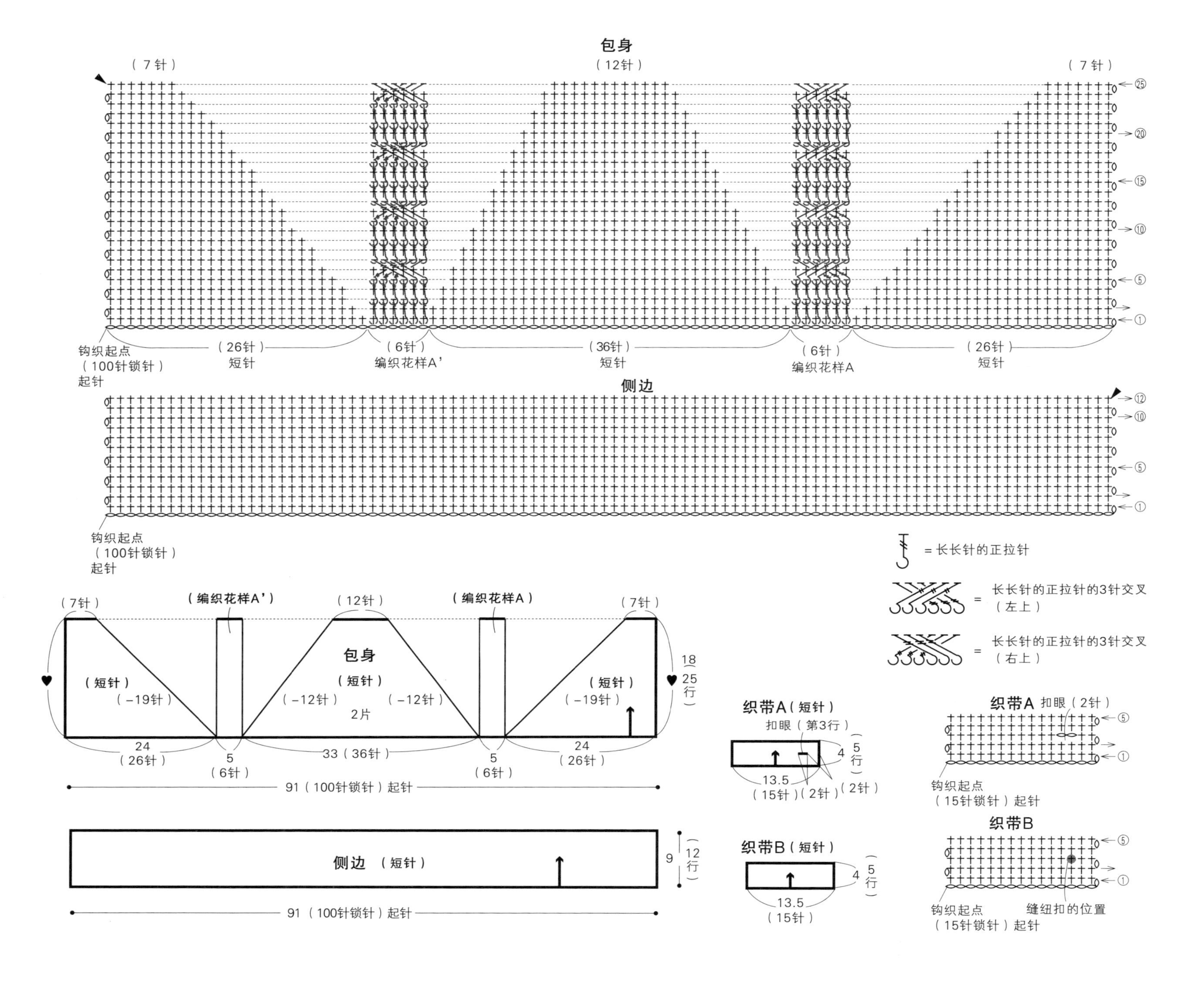
包身
（7针）
（12针）
（7针）
钩织起点
（100针锁针）
起针
（26针）
短针
（6针）
编织花样A'
（36针）
短针
（6针）
编织花样A
（26针）
短针
侧边
钩织起点
（100针锁针）
起针
= 长长针的正拉针
= 长长针的正拉针的3针交叉
（左上）
= 长长针的正拉针的3针交叉
（右上）
（7针）
（编织花样A'）
（12针）
（编织花样A）
（7针）
包身
（短针）
（短针）
（–19针）
（–12针）
（–12针）
2片
（短针）
（–19针）
18
25
行
24
（26针）
5
（6针）
33（36针）
5
（6针）
24
（26针）
91（100针锁针）起针
侧边 （短针）
9
12
行
91（100针锁针）起针
织带A（短针）
扣眼（第3行）
4
5
行
13.5
（15针）（2针）（2针）
织带B（短针）
4
5
行
13.5
（15针）
织带A 扣眼（2针）
钩织起点
（15针锁针）起针
织带B
钩织起点
（15针锁针）起针
缝纽扣的位置

22 流苏手拿包 p.29

材料和工具

达摩手编线 麻线 白色（11）170g，GIMA 黑色（7）50g，30cm 的拉链 1 条，链子 3cm，钩针 8/0 号

成品尺寸

宽 30cm，深 18.5cm

密度

10cm×10cm 面积内：短针的配色花样 13.5 针，15 行

10cm×10cm 面积内：短针的条纹针 13.5 针，10 行

钩织要点

●底部钩织 36 针锁针起针，参照图示一边加针一边按短针的配色花样钩织 2 行。接着包身无须加减针按短针的配色花样钩织 19 行。再钩织 6 行短针的条纹针。

●将拉链缝在开口的☆、★处。

●参照图示制作穗子。在穗子的上端装上链子，再将链子挂在拉链的拉头小孔中。

●在包身的指定位置系上流苏（80 处）。

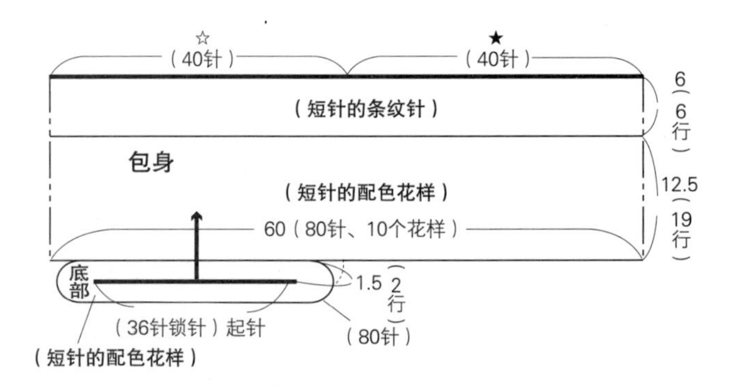

组合方法

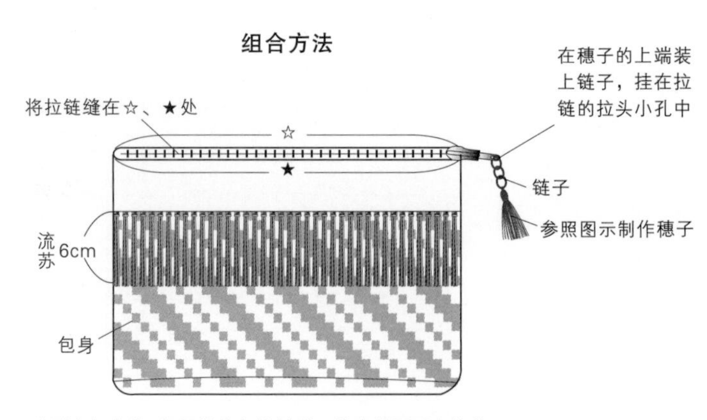

※分别在包身第1行短针的条纹针剩下的半针里系上流苏（白色线与黑色线，各取1根15cm长的线对折）一共在80处系上流苏

穗子的制作方法

1个

① 用白色线和黑色线各1根在厚纸板上绕14圈。再用黑色线在一侧打结固定

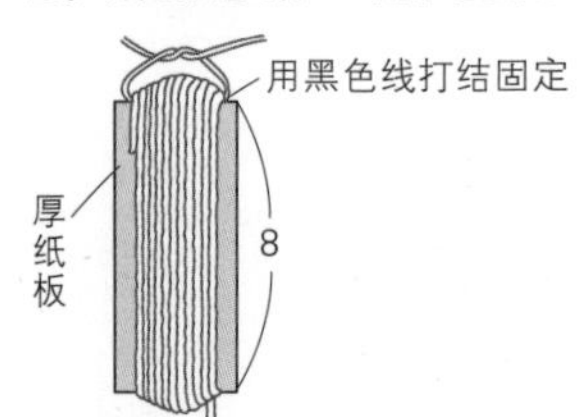

② 距离上端1.5cm处用黑色线扎紧，下端修剪整齐

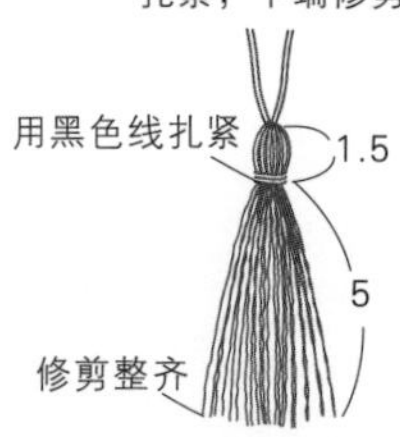

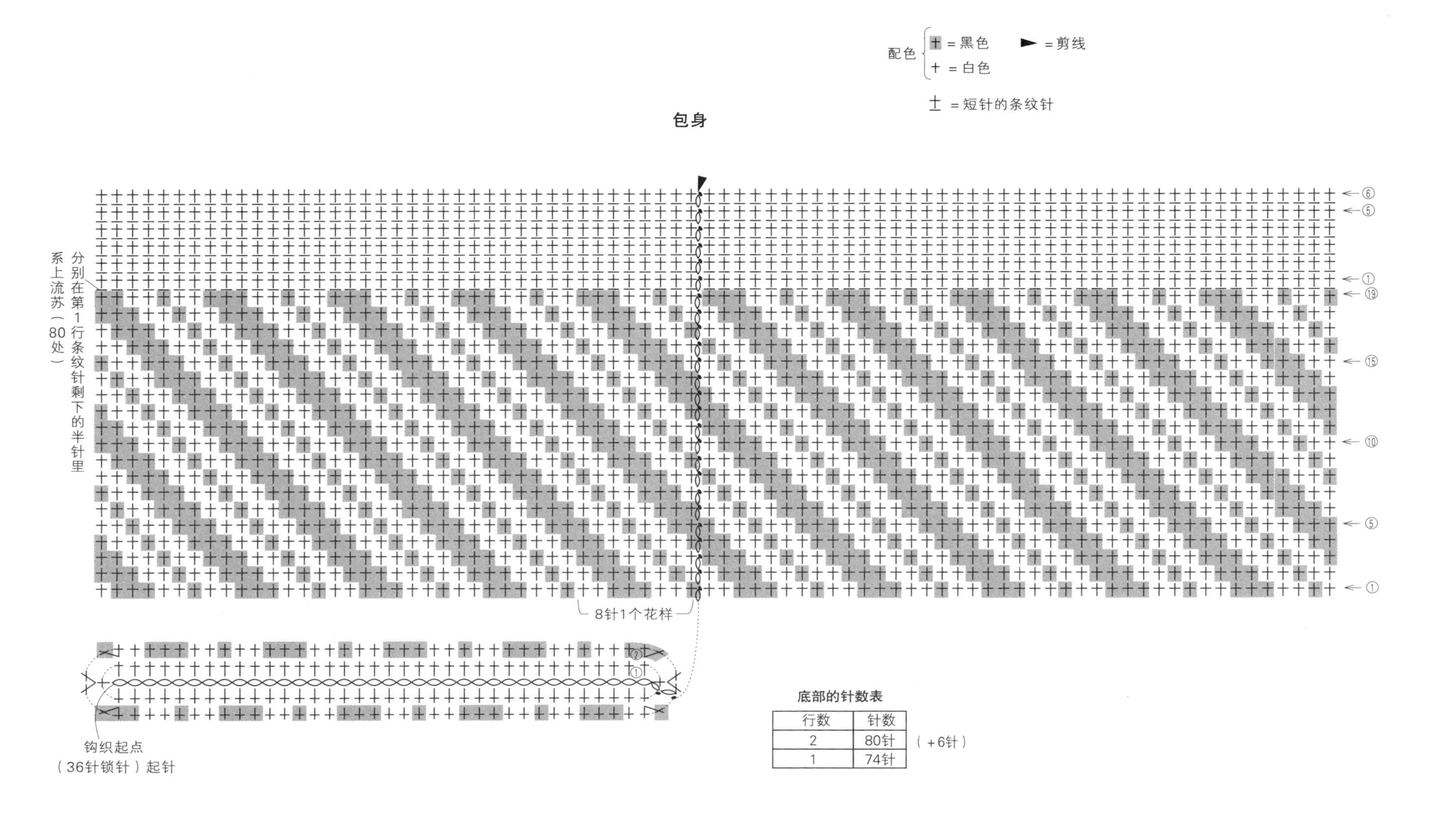

底部的针数表

行数	针数
2	80针
1	74针

（+6针）

23 阿兰花样手提包 p.30

材料和工具

达摩手编线 GIMA 黄色（4）165g、米色（1）60g，钩针 8/0 号

成品尺寸

宽 34.5cm，深 23.5cm（不含提手）

密度

10cm×10cm 面积内：短针 15 针，15.5 行
10cm×10cm 面积内：编织花样 15 针，10 行

钩织要点

●底部环形起针，参照图示一边加针一边钩织 17 行短针。接着包身无须加减针按编织花样钩织 18 行。换线钩织 7 行短针，再钩织 1 行引拔针。
●提手钩织 60 针锁针起针，环形钩织 3 行短针。将中间部分的 15 针对折后缝合。
●将提手缝在包身的指定位置。

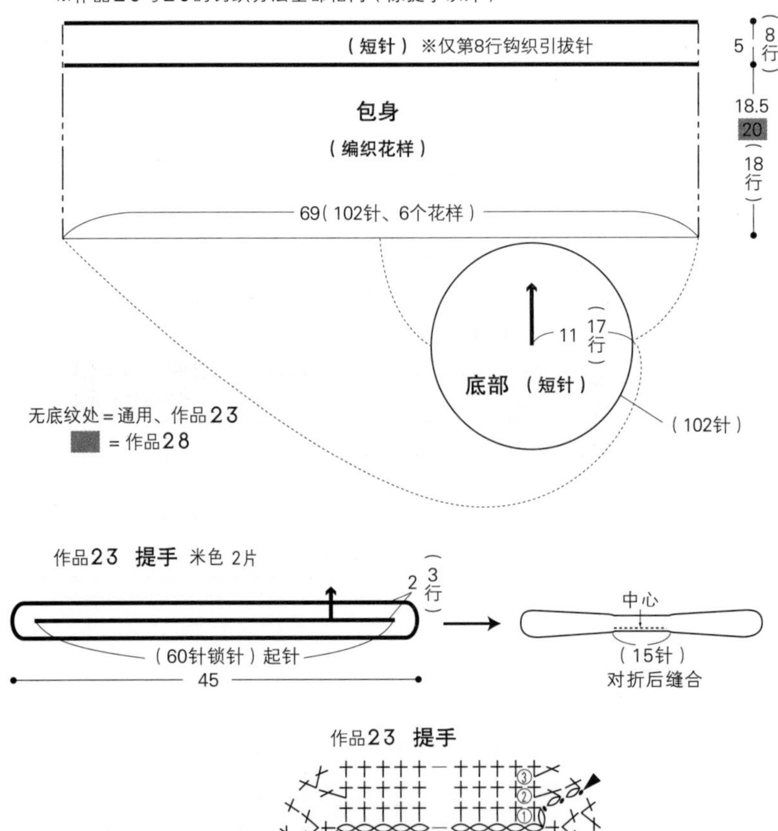

28 阿兰花样单肩包 p.35

材料和工具

达摩手编线 Classic Tweed 浅灰色（7）165g、褐色（6）30g，合成皮革毛线用单肩包提手（INAZUMA YAS-6091 / 褐色 #540）1 组，钩针 8/0 号

成品尺寸

宽度 34.5cm，深 25cm（不含提手）

密度

10cm×10cm 面积内：短针 15 针，15.5 行
10cm×10cm 面积内：编织花样 15 针，9 行

钩织要点

●底部环形起针，参照图示一边加针一边钩织 17 行短针。接着包身无须加减针按编织花样钩织至第 18 行。换线钩织 7 行短针，再钩织 1 行引拔针。
●将提手缝在包身的指定位置。

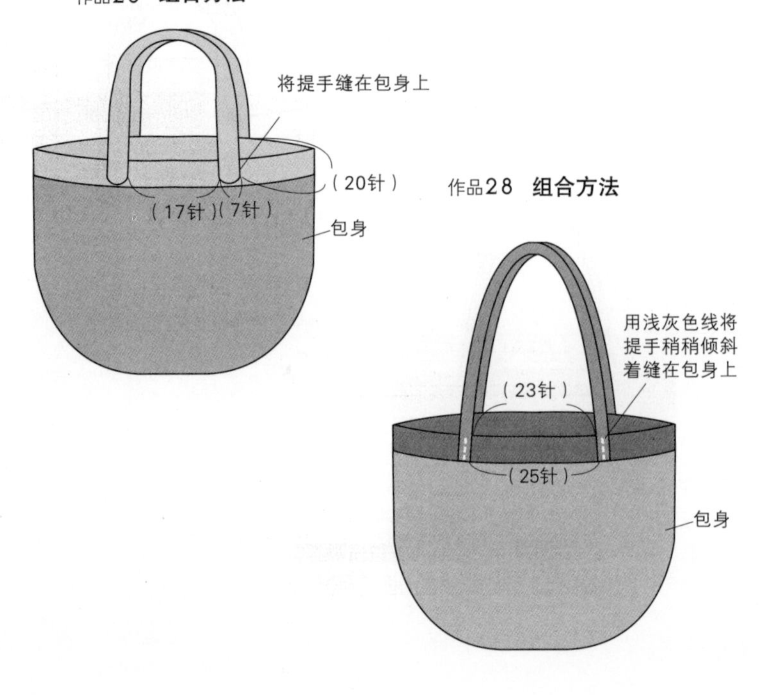

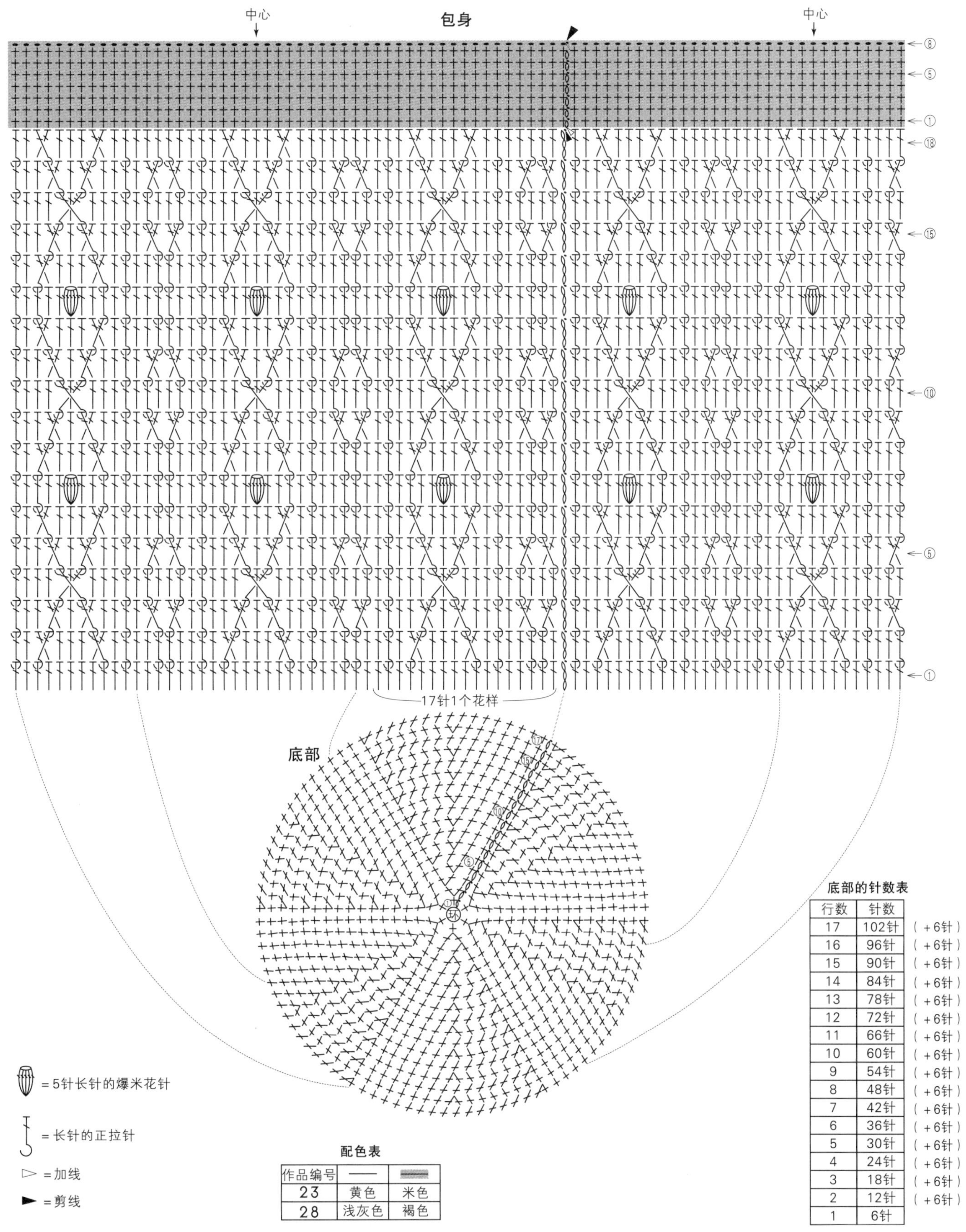

配色表

作品编号	——	
23	黄色	米色
28	浅灰色	褐色

底部的针数表

行数	针数	
17	102针	（+6针）
16	96针	（+6针）
15	90针	（+6针）
14	84针	（+6针）
13	78针	（+6针）
12	72针	（+6针）
11	66针	（+6针）
10	60针	（+6针）
9	54针	（+6针）
8	48针	（+6针）
7	42针	（+6针）
6	36针	（+6针）
5	30针	（+6针）
4	24针	（+6针）
3	18针	（+6针）
2	12针	（+6针）
1	6针	

24 购物包 p.31

材料和工具
和麻纳卡 eco-ANDARIA-crochet 原白色（801）、藏青色（810）各 55g，Flax C 白色（1）、藏青色（7）各 45g，钩针 7/0 号

成品尺寸
宽 26.5cm，深 27cm（不含提手）

密度
10cm×10cm 面积内：长针 18 针，9 行（全部用 eco-ANDARIA-crochet 线和 Flax C 线各 1 根合股钩织）

钩织要点
●包身钩织 148 针锁针起针，参照图示按长针条纹花样钩织 10 行。接着先在右侧的 48 针部分钩织至第 23 行。然后在左侧的 48 针部分加线钩织，在第 24 行时与右侧的 48 针部分连起来钩织。接下来继续钩织至第 34 行。

●在包身的指定位置钩织 1 行短针。

●参照组合方法，组合包身。

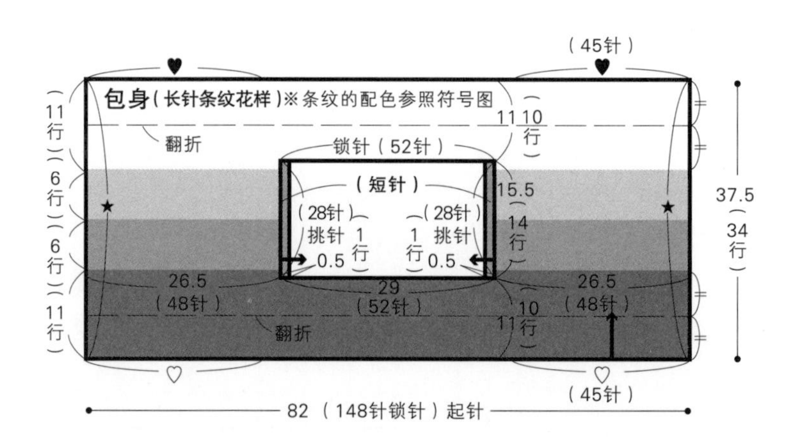

组合方法 ※缝合线要与包身的颜色一致

①将包身正面朝内对折，分别对齐相同标记♡、♥处钩织45针短针缝合

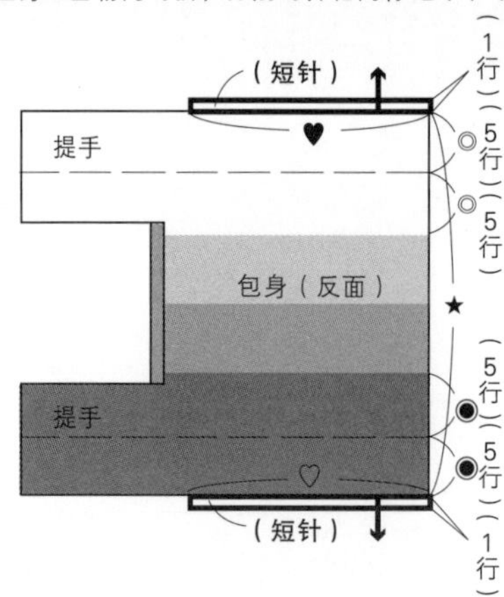

②分别将相同标记◉、◎处折叠，在★侧钩织46针短针缝合

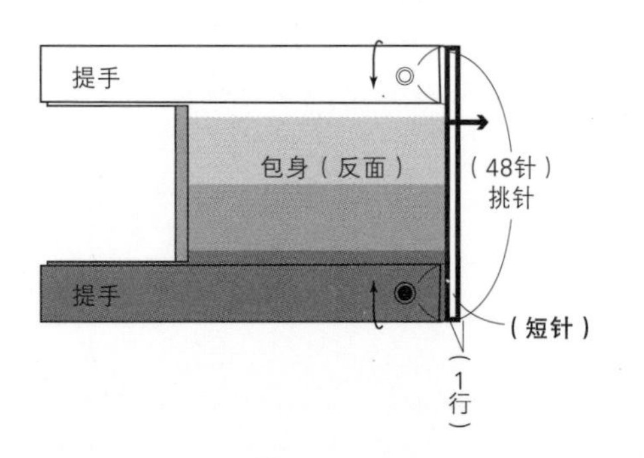

③将包身翻回正面，在提手的指定位置在2层织物里一起挑针做引拔连接

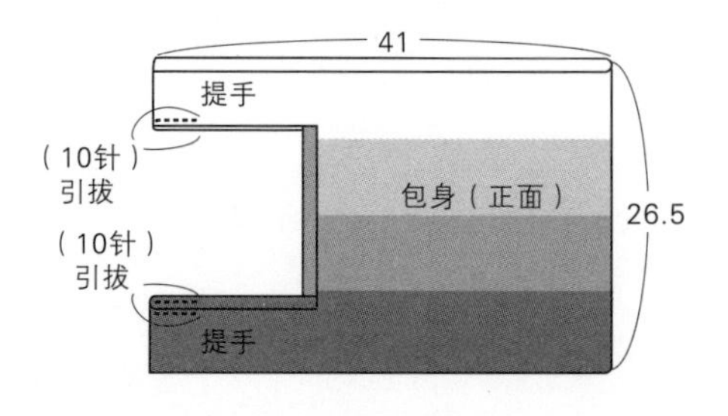

包身

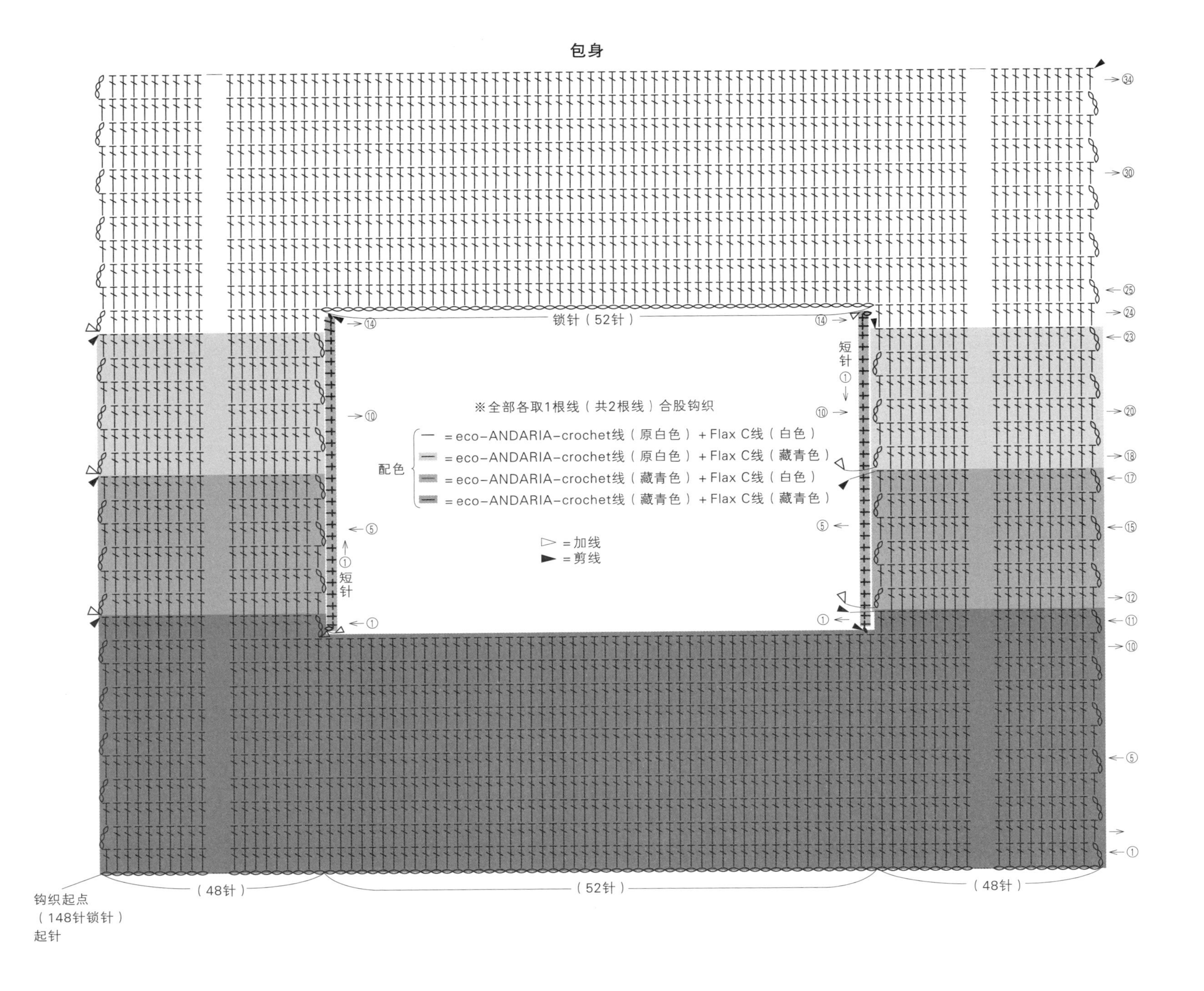

锁针（52针）
短针
※全部各取1根线（共2根线）合股钩织
配色
= eco-ANDARIA-crochet线（原白色）+ Flax C线（白色）
= eco-ANDARIA-crochet线（原白色）+ Flax C线（藏青色）
= eco-ANDARIA-crochet线（藏青色）+ Flax C线（白色）
= eco-ANDARIA-crochet线（藏青色）+ Flax C线（藏青色）
▷ = 加线
▶ = 剪线
（48针）
（52针）
（48针）
钩织起点
（148针锁针）
起针

25 三用条纹包 p.32、33

材料和工具

和麻纳卡 eco-ANDARIA 米色（23）70g，苔绿色（61）、深蓝绿色（63）、浅蓝绿色（68）、灰色（148）各 25g，皮革提手（INAZUMA BS-1502A / 米色 #4）1 组，直径 12mm 的塑料子母扣 2 组，钩针 6/0 号

成品尺寸

参照图示

密度

10cm×10cm 面积内：短针、短针条纹花样均为 18 针，21 行

钩织要点

●底部钩织 46 针锁针起针，参照图示一边加针一边钩织 3 行短针条纹花样。接着包身无须加减针钩织 37 行短针条纹花样。再钩织 14 行短针，钩织第 1 行时留出挂扣的穿孔。接着加线，分别钩织 2 行提手以外的部分，第 3 行连起来钩织。在指定位置加线，参照图示再钩织 7 行短针。
●将子母扣缝在指定位置。
●将提手的挂扣穿入包身的穿孔装好。

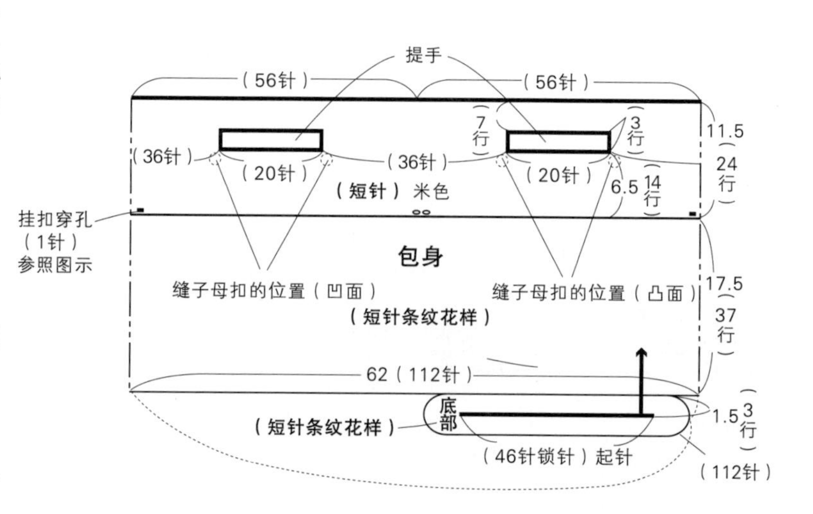

组合方法

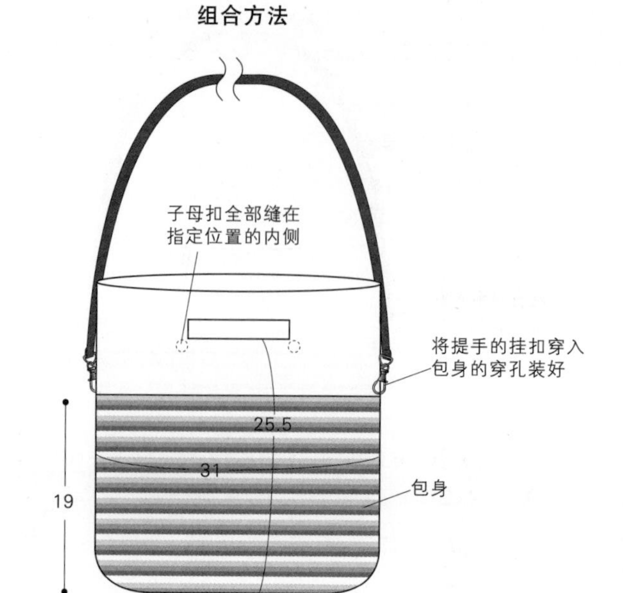

短针部分第24行的钩织方法

第24行是在第22行的头部挑针，包住前一行钩织短针

包身

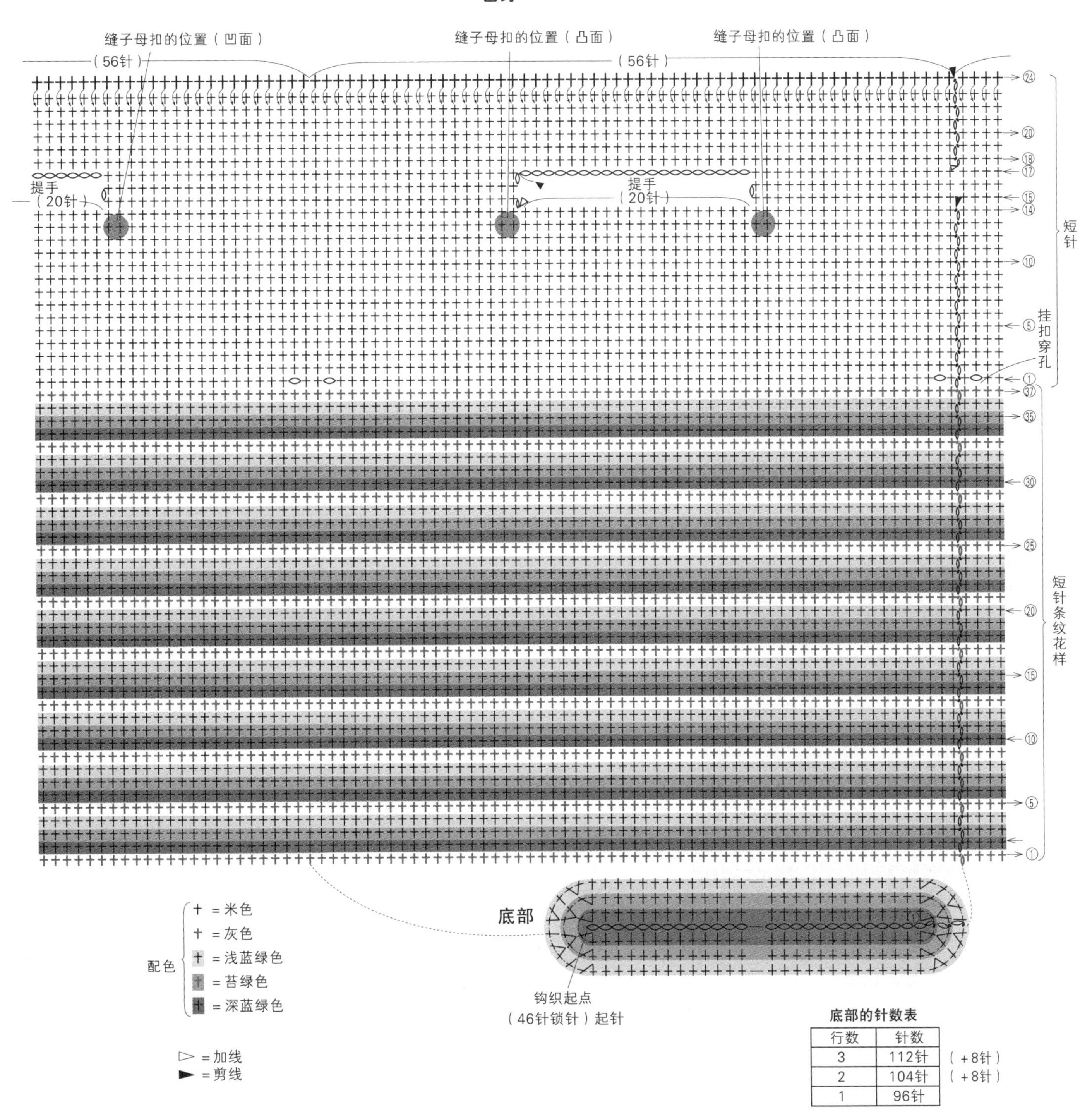

底部的针数表

行数	针数	
3	112针	（+8针）
2	104针	（+8针）
1	96针	

钩针编织基础

用线头环形起针

1

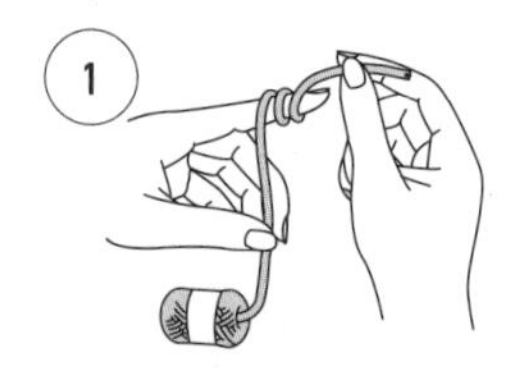

在左手的食指上绕2圈线头。

2

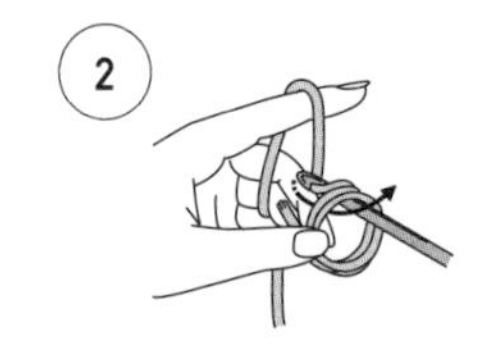

取下绕好的线环用左手捏住，注意不要散开。在线环中插入钩针，挂线后将线拉出。

3

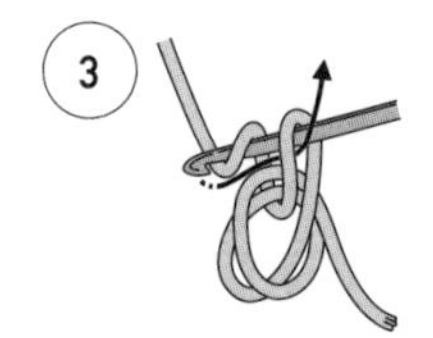

再次挂线后拉出。

4

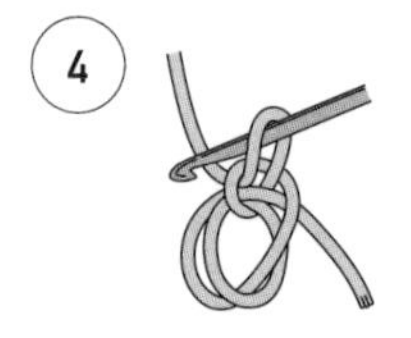

起针的线环完成（此针不计入针数）。

5

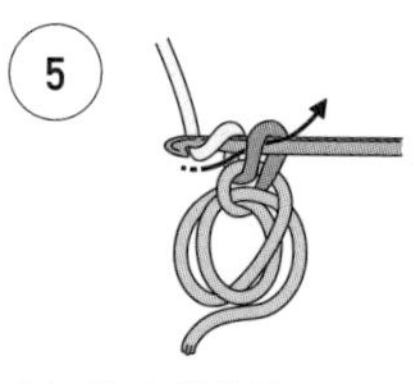

立织第1行的锁针。

6

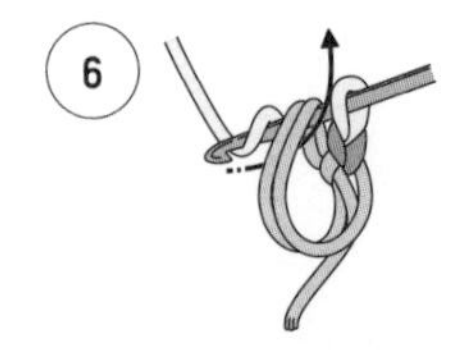

在起针的线环中插入钩针，挂线后将线拉出。

7

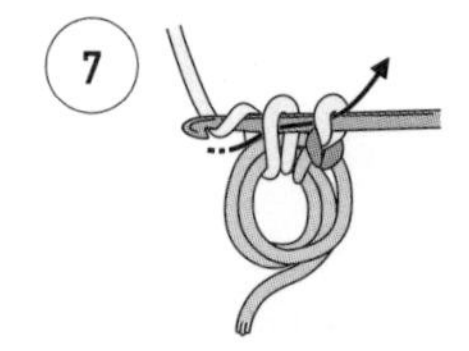

针头挂线引拔，钩织短针。

8

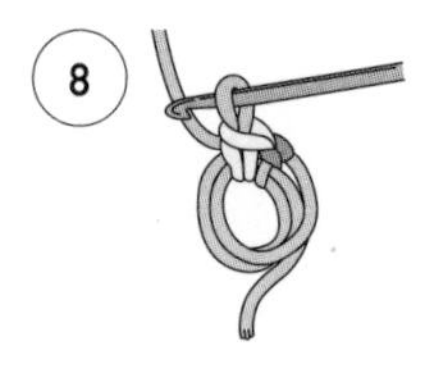

1针短针完成。

9

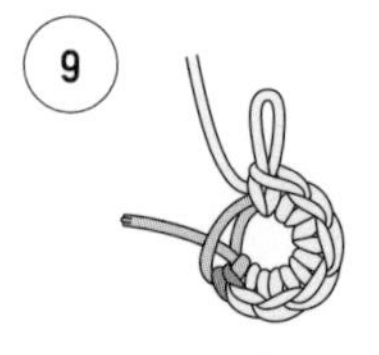

第1行完成6针短针后的状态。

10

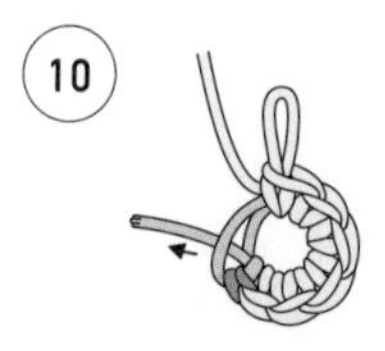

第1行完成后，收紧中心的线环。轻轻拉动线头，2个线环中靠近线头的1根线会活动。

11

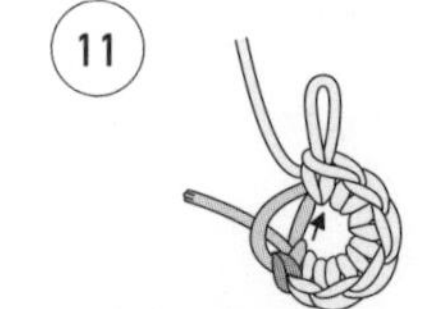

拉动活动的线环，收紧离线头比较远的线环（剩下能拉动的线环）。

12

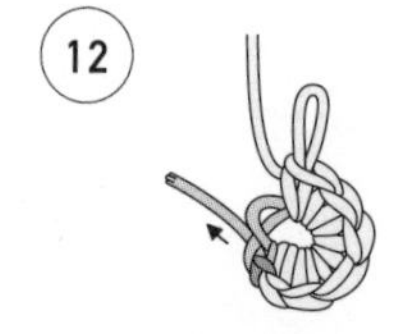

拉动线头，收紧剩下的靠近线头的线环。

13

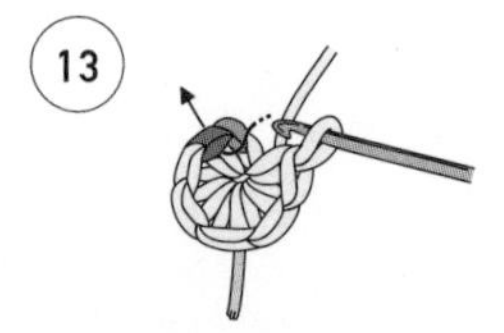

第1行的钩织终点在第1针短针的头部2根线里挑针。

14

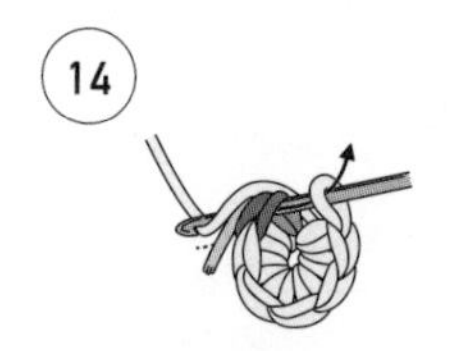

针头挂线引拔。

15

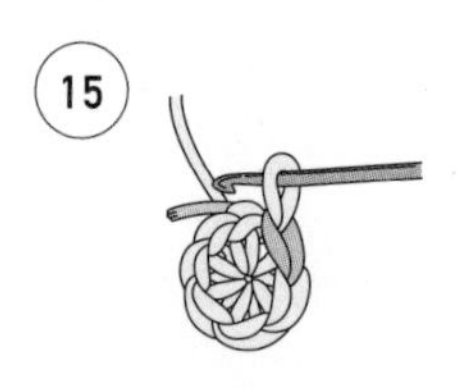

第1行完成。

锁针

1

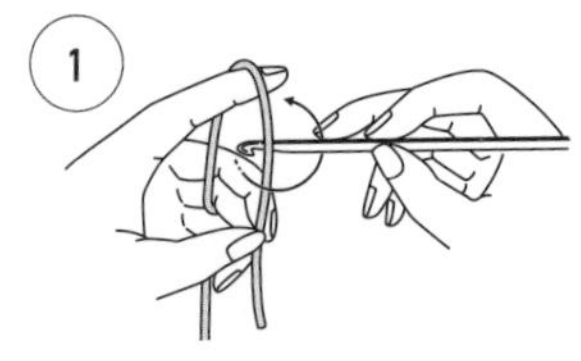

留出10cm左右的线头，将钩针放在线的后面，转动针头绕线。

2

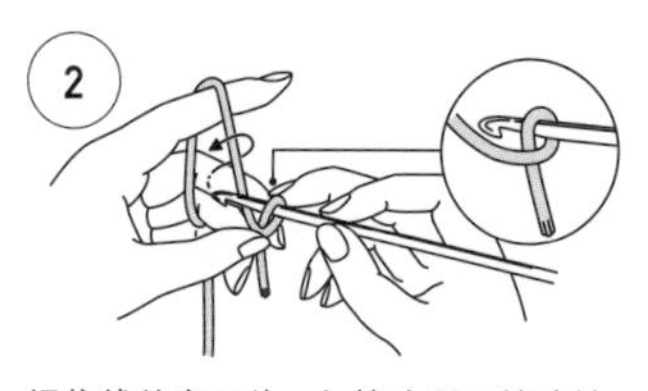

捏住线的交叉处，如箭头所示转动针头挂线。

3

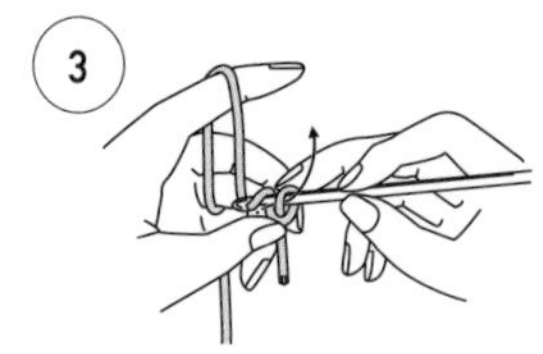

将针头的挂线拉出。

4

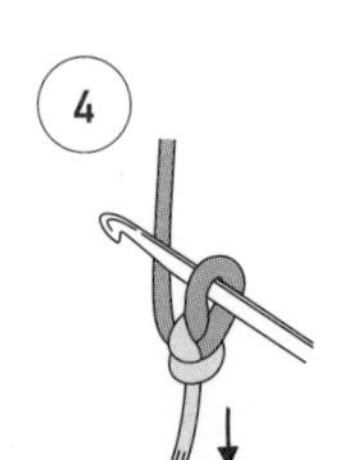

拉动线头，收紧线圈。此针为起始针，不计入针数。

5

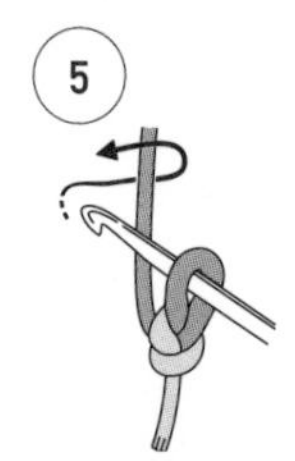

如箭头所示转动针头，从线的前面挂线。

6

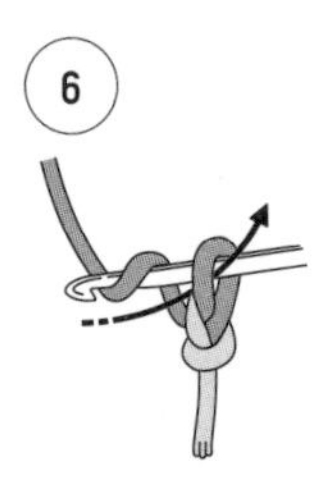

针头挂线后，从针上的线圈中拉出。

7

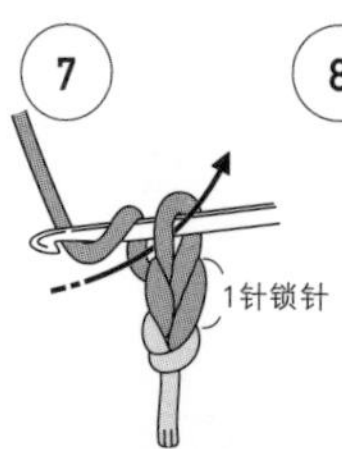

针上线圈的下方完成了1针锁针。接着重复在针头挂线拉出。

8

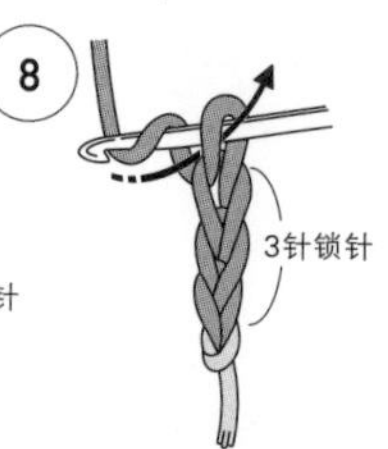

3针锁针完成后的状态。按相同要领继续钩织。

引拔针

辅助性的钩织方法，也用于针目与针目的连接。

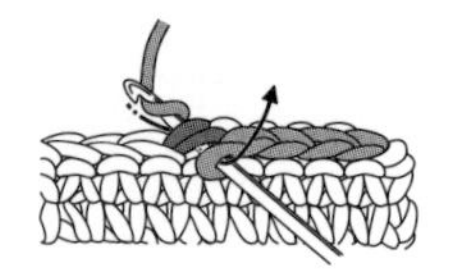

在针头挂线引拔。

锁针的挑针方法

●锁针的挑针方法

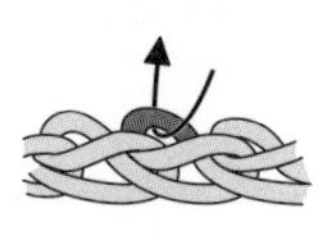

不会破坏锁针的形状，挑针后比较美观。

●在锁针的半针和里山挑针

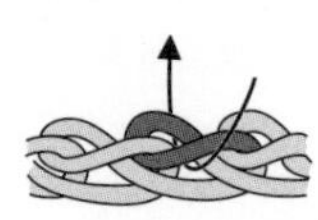

容易挑针，挑针后比较稳定、结实。

┼ 短针

“起立针”为1针锁针，因为针目很小，不计入针数。

① 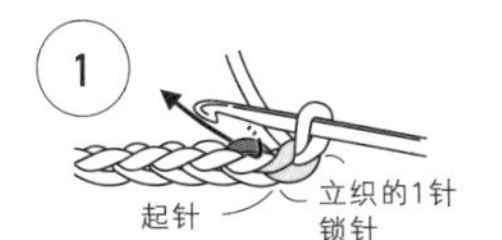

立织1针锁针，在起针的边针里挑针。

② 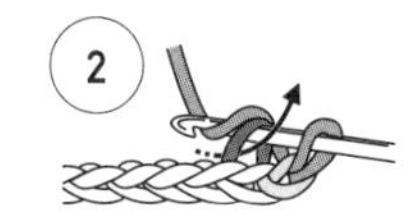

针头挂线后拉出。此状态叫作“未完成的短针”。

③ 

针头挂线，一次性引拔穿过2个线圈。

④ 1针短针完成。

⑤ 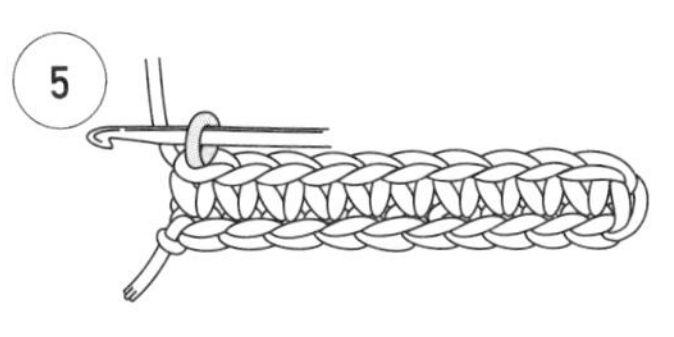

按相同要领继续钩织。这是10针短针完成后的状态。

中长针

针目的高度在短针和长针之间。“起立针”为2针锁针，也计为1针。

① 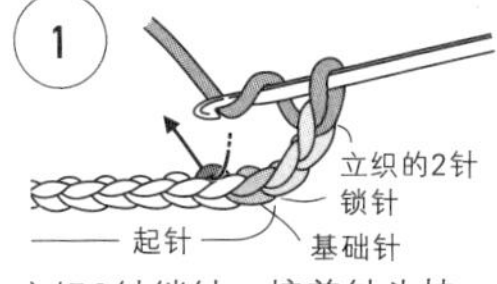

立织2针锁针，接着针头挂线，在起针的边上第2针里挑针。

② 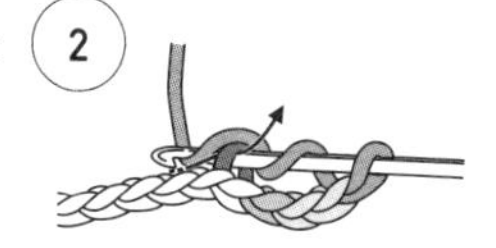

针头挂线后拉出，将线拉至2针锁针的高度。

③ 

此状态叫作“未完成的中长针”。针头挂线，一次性引拔穿过针上的3个线圈。

④ 

1针中长针完成。因为起立针计为1针，所以这是第2针。

长针

“起立针”为3针锁针，也计为1针。

① 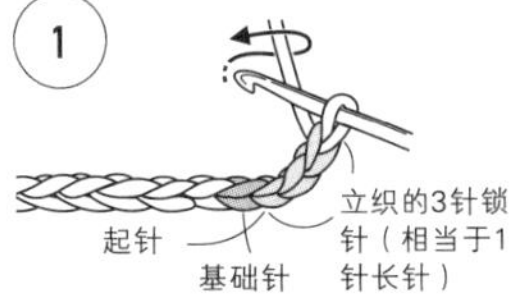

立织3针锁针，接着针头挂线。

② 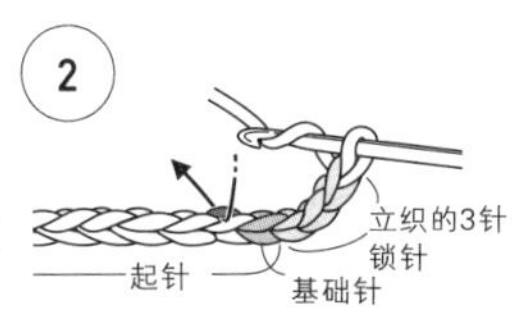

因为起立针就是第1针，所以在起针的边上第2针里挑针。

③ 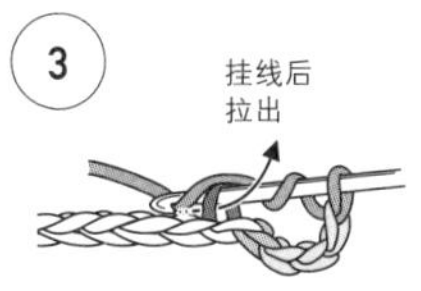

针头挂线后拉出，将线拉至2针锁针的高度。

④ 

针头挂线，引拔穿过2个线圈。

⑤ 

此状态叫作“未完成的长针”。针头再次挂线，引拔穿过剩下的2个线圈。

⑥ 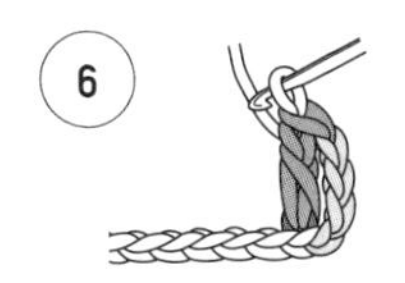

1针长针完成。因为起立针计为1针，所以这是第2针。

1针放2针短针（在针目里挑针钩织）

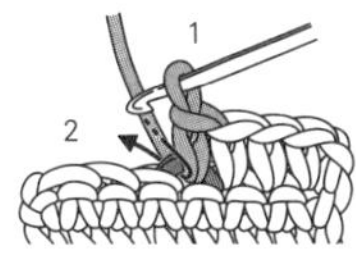

先钩织1针短针，再在同一个针目里钩织1针短针。

2针短针并1针

① 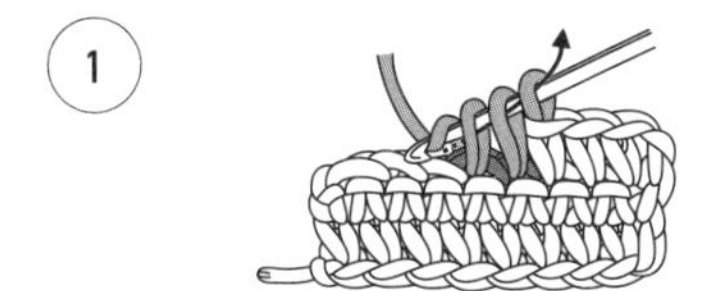

针头挂线后拉出，再在下个针目里挂线拉出（2针未完成的短针）。针头挂线，一次性引拔穿过针上的3个线圈。

② 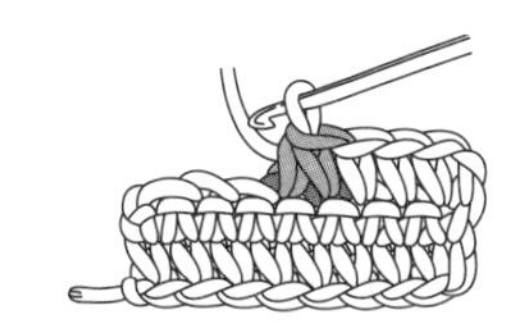

2针短针并1针完成。

短针的条纹针

在前一行针目的头部半针里挑针钩织，留下的半针呈条纹状。

① 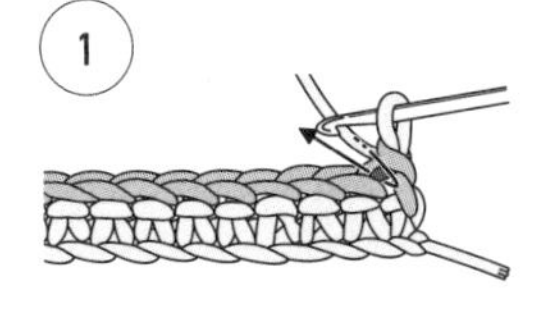

第1行照常钩织短针，第2行（看着反面钩织的行）在前一行针目头部的前面半针里挑针钩织短针。

② 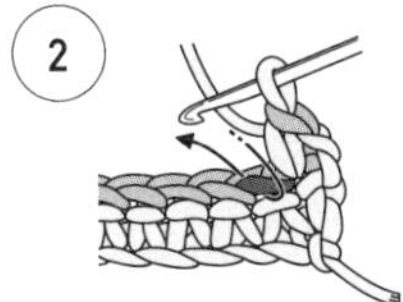

为了在正面留出条纹，在前面半针里挑针钩织短针。

③ 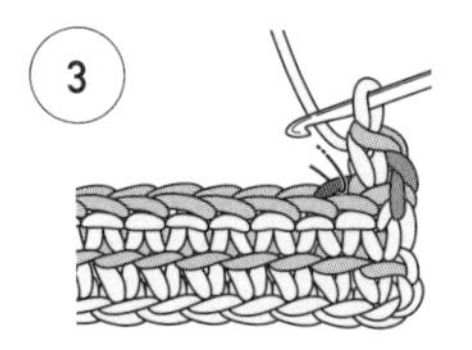

第3行（看着正面钩织的行）在前一行针目头部的后面半针里挑针钩织短针。

1针放2针长针（在针目里挑针钩织）

① 

先钩织1针长针，接着针头挂线，在同一个针目里插入钩针。

② 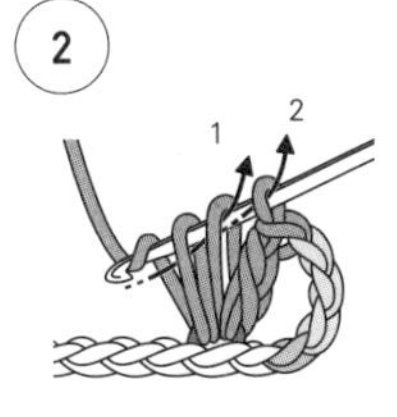

再钩织1针长针。

③ 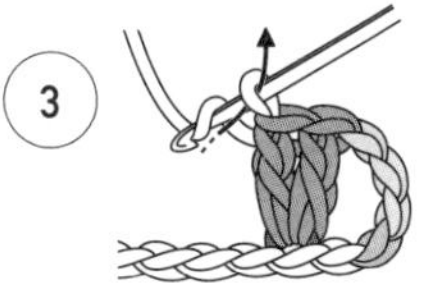

1针放2针长针完成。符号的根部呈闭合状态时，在同一个针目里挑针钩织。

1针放2针长针（整段挑针钩织）

① 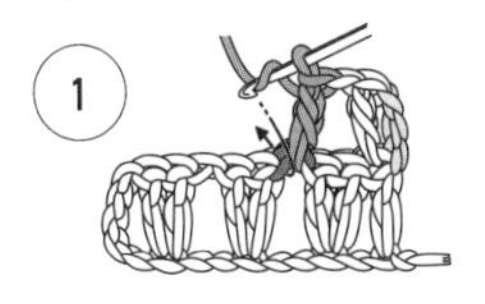

整段挑起前一行的锁针线圈钩织长针。在同一个线圈里挑针再钩织1针长针。

② 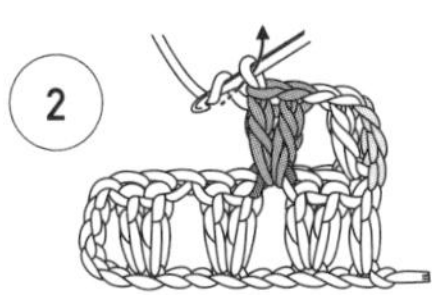

1针放2针长针完成。符号的根部呈分开状态时，在前一行整段挑针钩织。

3针中长针并1针

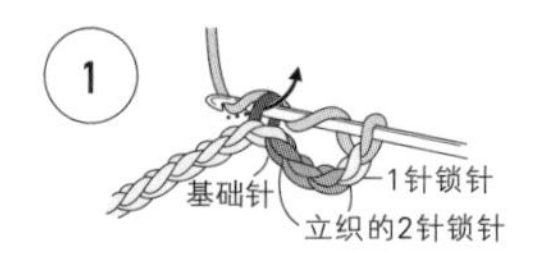

针头挂线，在前一行（此处为起针）的针目里插入钩针，将线拉出至2针锁针的高度，钩织未完成的中长针。

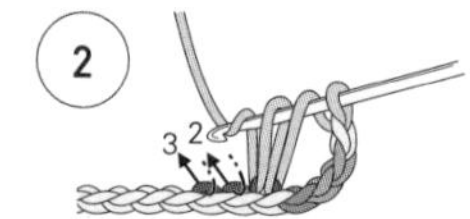

接着，在箭头所示针目里再钩织2针未完成的中长针。

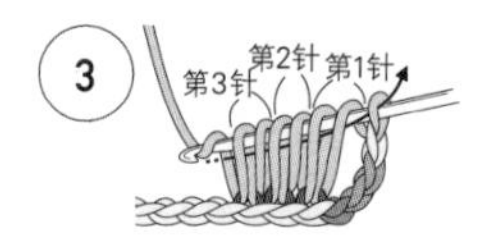

针头挂线，一次性引拔穿过针上的7个线圈。完成。

3针中长针的枣形针（在针目里挑针钩织）

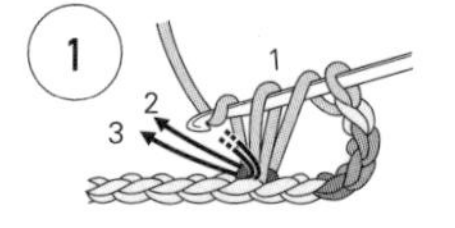

在前一行（此处为起针）的针目里插入钩针钩织未完成的中长针，再在同一个针目里用相同方法钩织2针未完成的中长针（一共3针）。

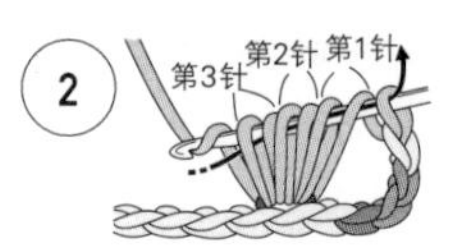

针头挂线，一次性引拔穿过针上的7个线圈。完成。

2针长针并1针

针头挂线，在前一行（此处为起针）的针目里插入钩针。

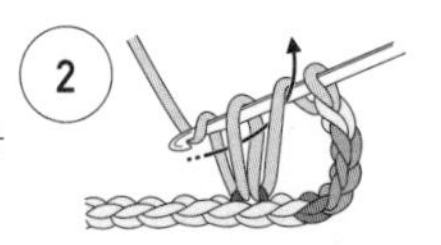

将线拉出至2针锁针的高度，接着针头挂线，一次性引拔穿过针上的2个线圈。

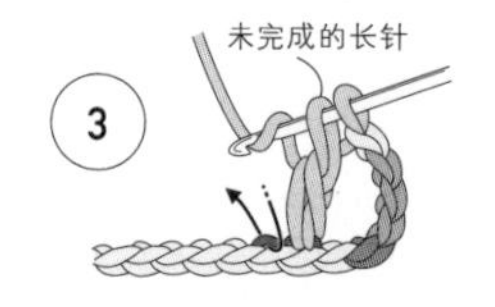

这就是未完成的长针。接着针头挂线，在下个针目里再钩织1针未完成的长针。

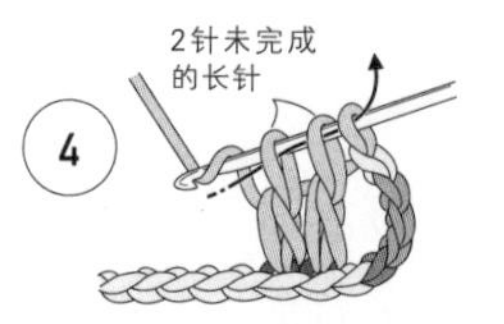

针头挂线，一次性引拔穿过针上的3个线圈。

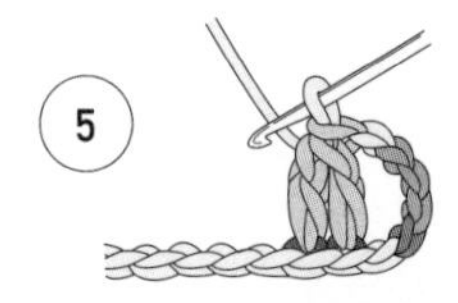

2针并作了1针，2针长针并1针完成（减少1针后的状态）。

变化的2针中长针的枣形针

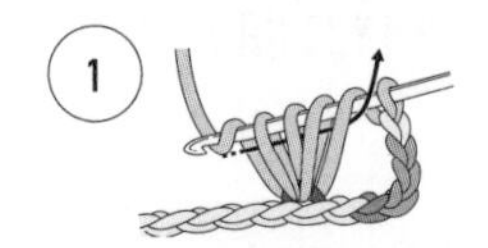

在同一个针目里钩织2针未完成的中长针，接着针头挂线，一次性引拔穿过针上的4个线圈。

再次针头挂线，一次性引拔穿过剩下的2个线圈。

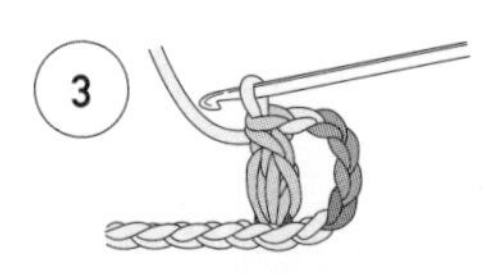

变化的2针中长针的枣形针完成。

5针长针的爆米花针（在针目里挑针钩织）

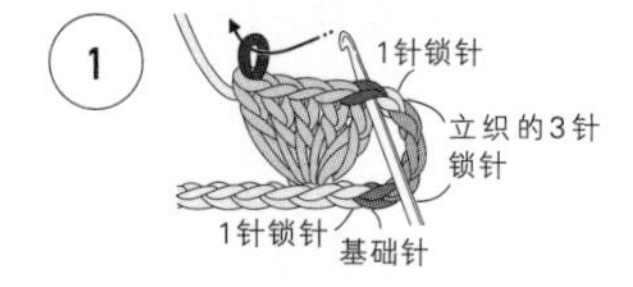

在前一行（此处为起针）的1个针目里钩织5针长针，暂时取下钩针，刚才针上的线圈保持不动（休针），从前面将钩针插入第1针长针的头部，再穿入休针的针目里。

将休针的针目从第1针里拉出。

钩织1针锁针，收紧刚才拉出的针目。

短针的反拉针

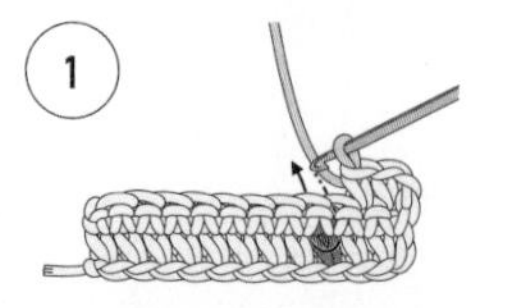

从后面插入钩针，再从后面出针，在符号的钩子（ʖ）所在针目的整个根部挑针。

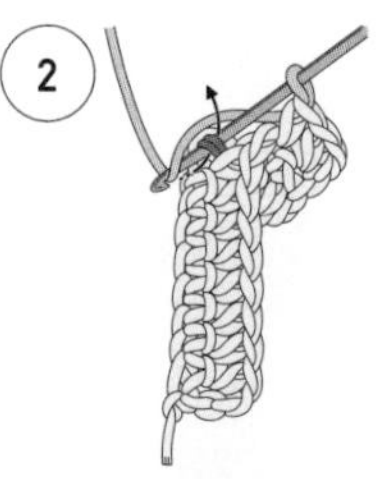

挂线后长长地拉出。

针头挂线，一次性引拔穿过针上的2个线圈（钩织短针）。

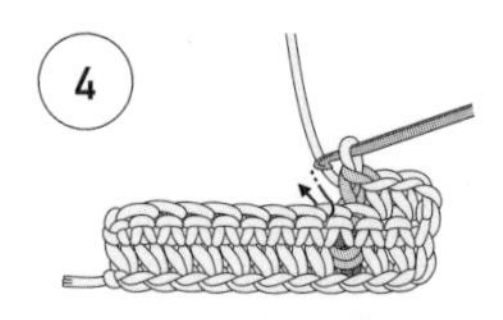

短针的反拉针完成。从正面看，效果与正拉针相同。接着跳过前一行的1针，在下个针目里挑针钩织。

短针的配色钩织（横向渡线）

第1行

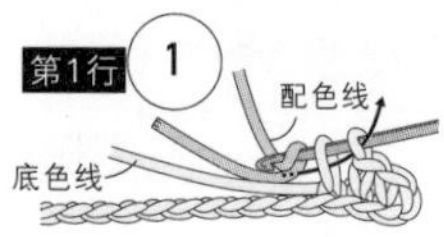

配色前的一针短针做最后的引拔操作时，换成配色线。

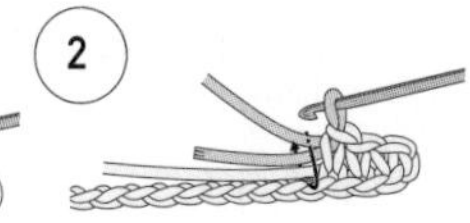

连同底色线和配色线的线头一起挑针，挂线后拉出。

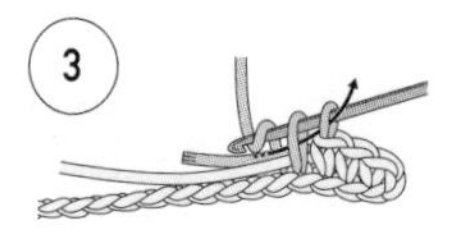

包住底色线和线头，用配色线钩织短针。

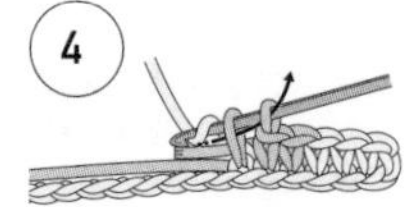

配色线针目做最后的引拔操作时，换成底色线。

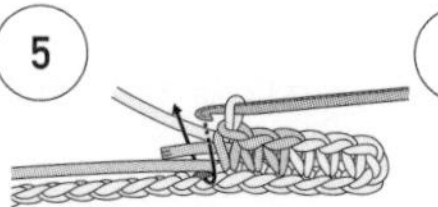

包住配色线，用底色线钩织短针。

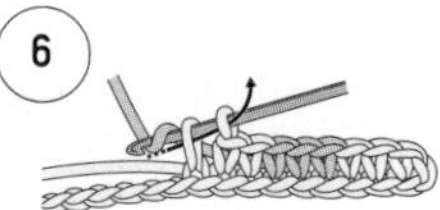

按相同要领一边换线一边钩织。

第2行

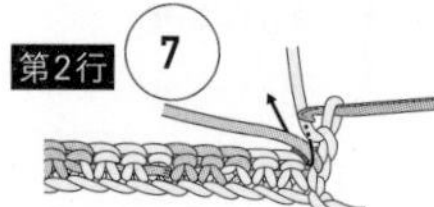

在反面拉过配色线，一边包住配色线，一边用底色线钩织短针。

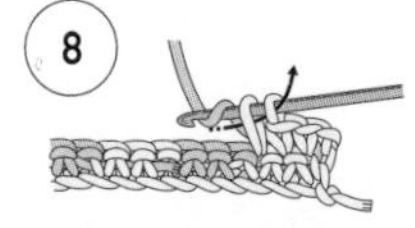

底色线针目做最后的引拔操作时，换成配色线。

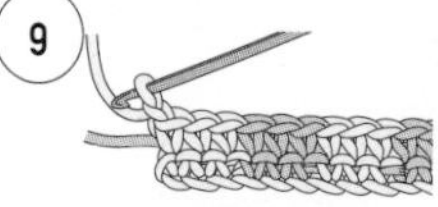

按相同要领一边换色一边钩织，钩织下一行的起立针后翻回正面。包在针目里的配色线也一起绕至反面。

第3行

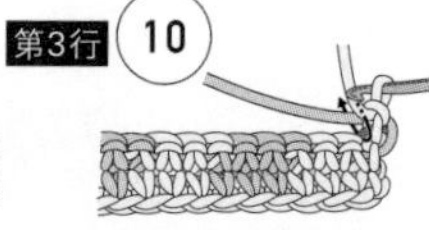

在反面拉过配色线，一边包住配色线，一边用底色线钩织。

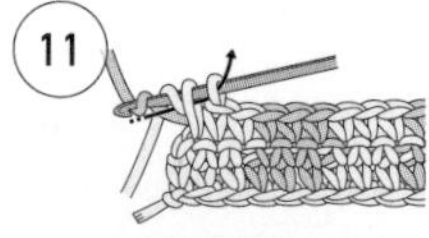

为了使休针的线头出现在反面，钩织奇数行时将线从前往后挂在针上，钩织偶数行时将线从后往前挂在针上。

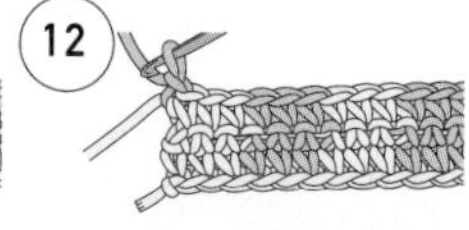

钩织下一行的起立针后翻转织物。

长针的正拉针

1

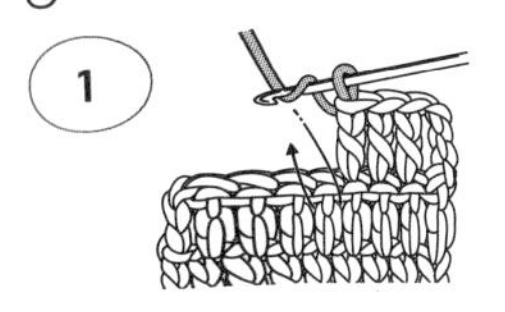

针头挂线，从前面插入钩针，在符号的钩子（⟆）所在针目的整个根部挑针。

2

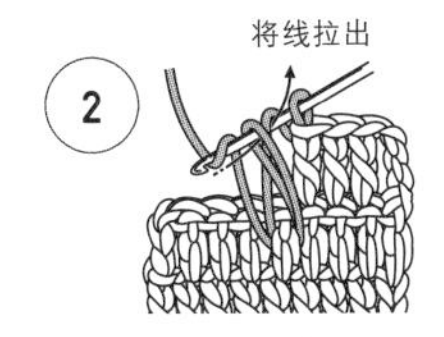

挂线后长长地拉出。针头再次挂线，一次性引拔穿过针上的2个线圈（钩织长针）。

3

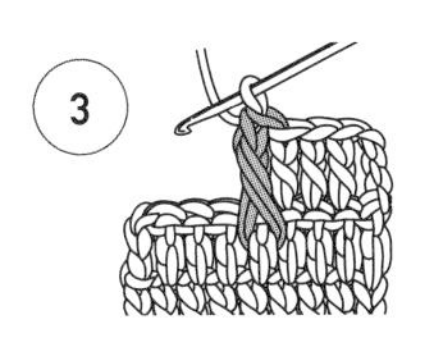

长针的正拉针完成。

长针的反拉针

1

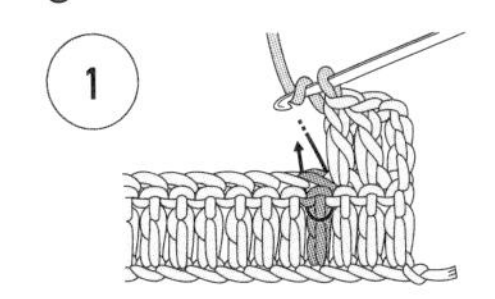

针头挂线，从后面插入钩针，再从后面出针，在前一行针目的整个根部挑针，钩织长针。

2

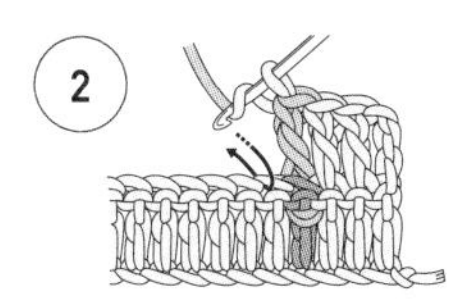

长针的反拉针完成。

1针长针交叉

第1行

1

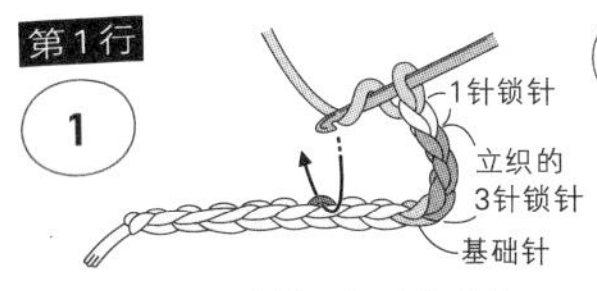

针头挂线，在前一行（此处为起针）的针目里挑针，钩织长针。

2

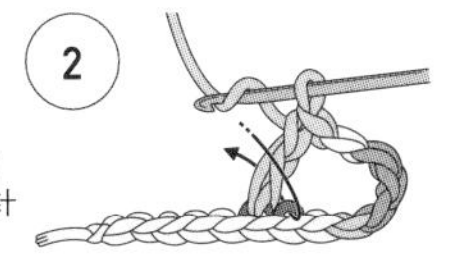

针头挂线，在前一行的前一针里插入钩针挑针。

3

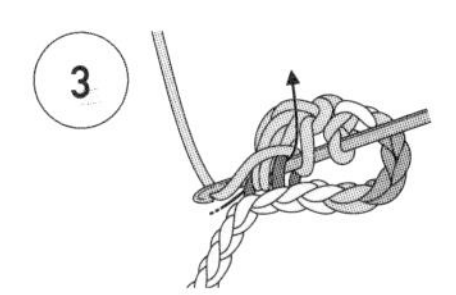

包住步骤①中钩织的长针，将线拉出。

4

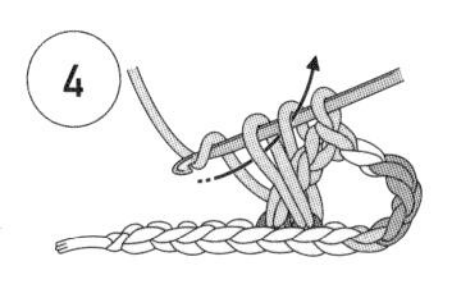

针头挂线，一次性引拔穿过2个线圈。

5

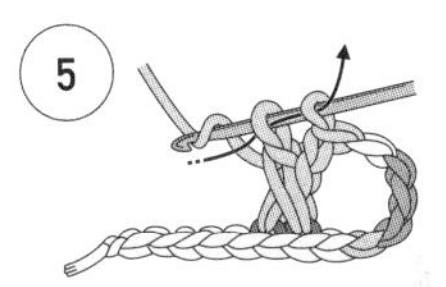

针头再次挂线，一次性引拔穿过2个线圈（长针）。

6

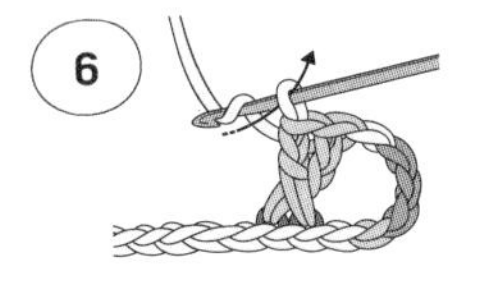

1针长针交叉完成。继续钩织。

7

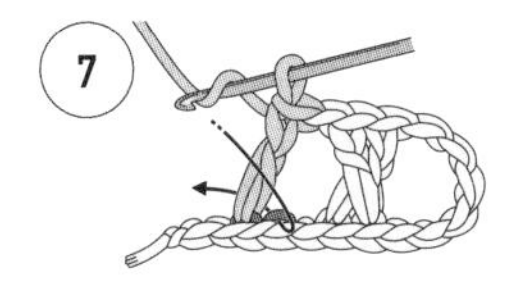

交叉的针目是在前一行的前一针里挑针，包住前面已织的长针钩织长针。

第2行

8

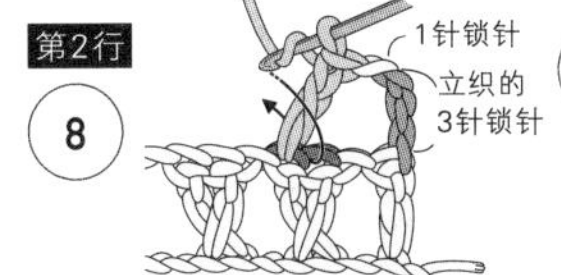

与第1行一样，钩织长针后，针头挂线，在前一针里挑针。

9

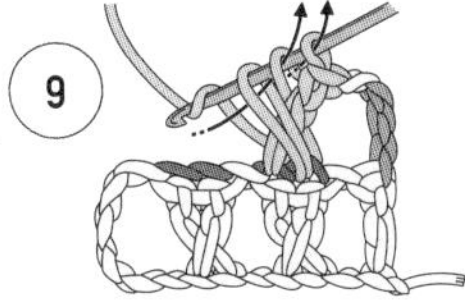

针头挂线，包住前面已织的长针钩织长针。

10

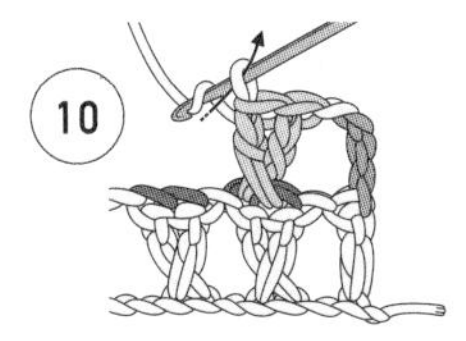

钩织方法没有正反面之分，反面的行也用相同方法钩织，所以每行交叉的方向相反。

变化的1针长针交叉（右上）

交叉钩织，使符号断开的针目位于下方

1

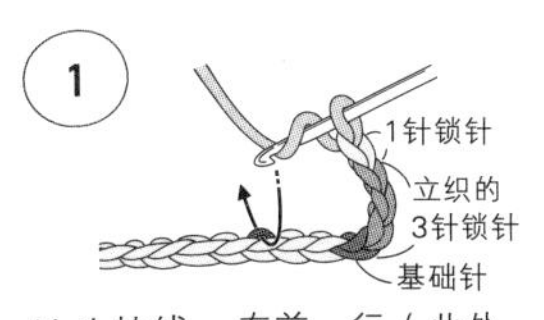

针头挂线，在前一行（此处为起针）的边上第4针里挑针，钩织长针。

2

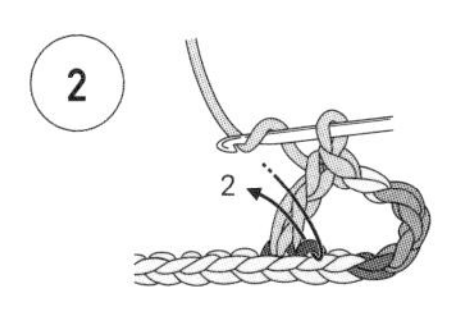

针头挂线，如箭头所示从左边已织长针的前面插入钩针。

3

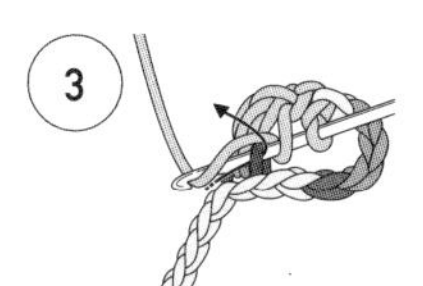

挂线后拉出。

4

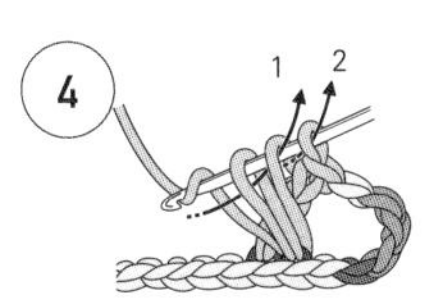

针头挂线，依次引拔穿过2个线圈，钩织长针。右边的长针交叉在上方。

5

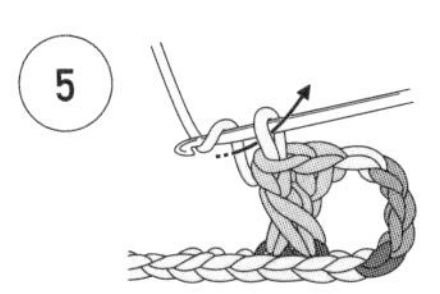

变化的1针长针交叉（右上）完成。继续钩织。

6

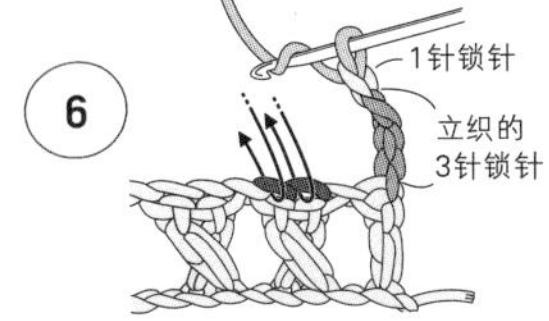

在前一行的针目里挑针，在左边钩织1针长针。接着在针头挂线，按步骤②的要领在前一针里挑针。

7

从左边已织长针的前面挂线后拉出。

8

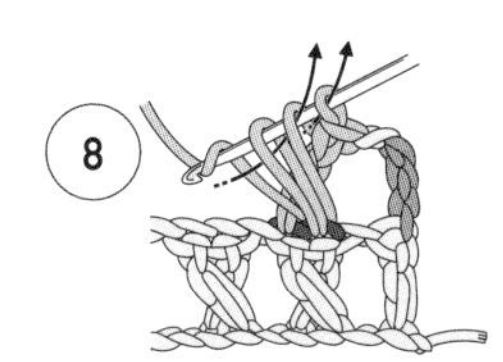

针头挂线，依次引拔穿过2个线圈，钩织长针。右边的长针交叉在上方。

9

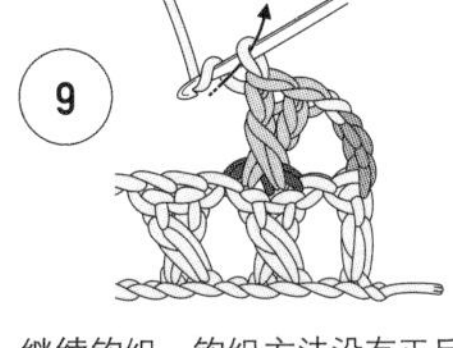
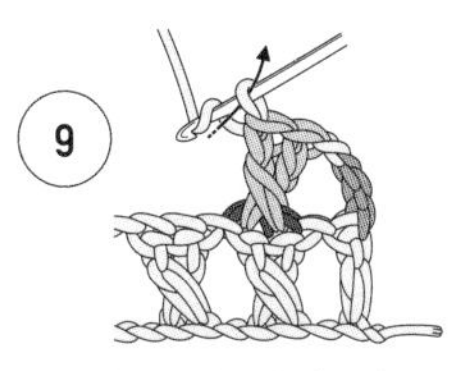

继续钩织。钩织方法没有正反面之分，因为交叉时没有包住针目钩织，所以交叉的方向始终相同。

变化的1针长针交叉（左上）

1

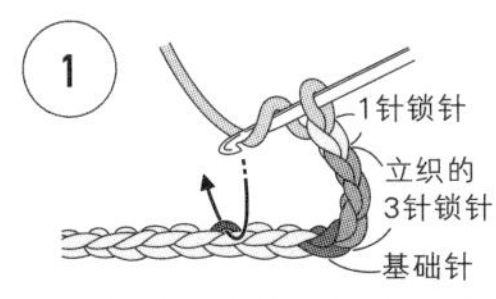

针头挂线，在前一行（此处为起针）的边上第4针里挑针，钩织长针。

2

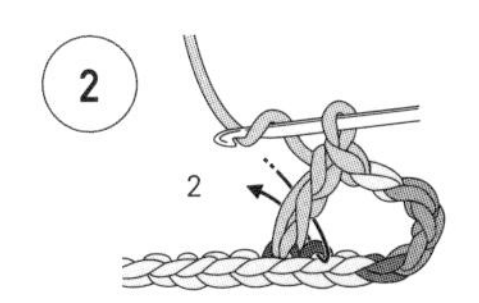

针头挂线，从已织长针的后面插入钩针，挂线后拉出。

3

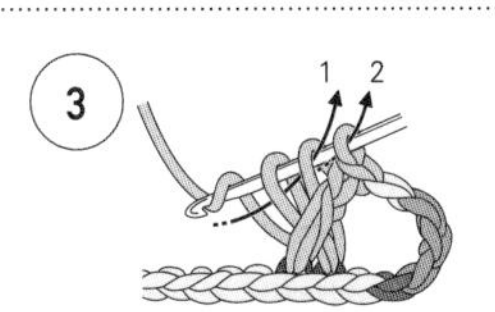

针头挂线，依次引拔穿过2个线圈，钩织长针。左边的长针交叉在上方。

4

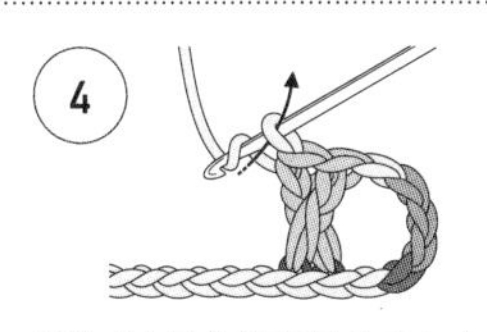

变化的1针长针交叉（左上）完成。

备案号：豫著许可备字-2023-A-0035

图书在版编目（CIP）数据

天然素材的时尚手编包和帽子 / 日本宝库社编著；蒋幼幼译. -- 郑州：河南科学技术出版社，2024. 12.
ISBN 978-7-5725-1786-0

Ⅰ. TS935.521-64

中国国家版本馆CIP数据核字第2024YK4927号

出版发行：河南科学技术出版社
地址：郑州市郑东新区祥盛街27号　邮编：450016
电话：（0371）65737028　65788613
网址：www.hnstp.cn

策划编辑：仝广娜
责任编辑：刘　瑞
责任校对：刘逸群
封面设计：张　伟
责任印制：徐海东
印　　刷：河南新达彩印有限公司
经　　销：全国新华书店
开　　本：889 mm × 1 194 mm　1/16　印张：5.5　字数：170千字
版　　次：2024年12月第1版　2024年12月第1次印刷
定　　价：49.00元

如发现印、装质量问题，影响阅读，请与出版社联系并调换。